安全と良心

究極のリーダーシップ

竹田正興
Takeda Masaoki

晶文社

まえがき

「国民の七割が今の日本は危険！と感じている」と平成一七年度の国土交通白書は報じた。五年後の平成二三年三月一一日、東日本大震災が発生し、巨大津波が襲いかかり、国民の予感は的中し「危険」は現実のものとなった。

東日本を襲った大地震と大津波は、確かに想像を超えるものではあったが、長大防波堤も住民の避難対策も不十分で壊滅的な被害と膨大な犠牲者を出し、そのうえ東京電力の原子力発電所の安全システムが崩壊し破局に至り、これまでの我々の「根拠なき楽観的な安全観」を根底からくつがえすものだった。

本来科学理論的には原子力発電所は安全とされてきた。しかし、東京電力福島第一原子力発電所は、大地震による津波の直撃によって全電源を失い、四基の原子炉が制御不能となり、同発電所はＩＮＥＳ（国際原子力事象評価尺度）による前代未聞の最悪の「レベル７」という危機的な状況に陥った。既に原子炉からの放射能漏れは数十京ベクレルと報告され、その影響の拡大は国内のみならず世界的なものとなった。自衛隊、消防などを含む総力体勢で「閉じ込め」に必死の努力が続けられたが、最悪の場合は福島県はもとより周辺にも甚大な影響が残りそうだ。

こういうことになると我々は「生命」、「生活」の守り方の基本を考え直さなければならないが、その理念の中に国家・国民のための「本物の安全論」、自立できるエネルギー対策、食糧危機への独自の対応などを模索して、他人にばかり頼るのではなく、自助自立の生き方や安心して暮らせる生活、経済のありかたを実践する必要がある。

中でも安全については、国難ともいえる大きな試練を受けた我々は、これまでの安全確保の思想を率直に反省し、少なくとも破局的な重大事故や膨大な犠牲者は出さない究極の安全への道を求め、仮に事故が起きても被害を最小限にとどめる実践的な考え方を学んで行かなければならない。

そもそも国民の安全の基本は「自分の安全は自分自身が守る」という原点から出発して、それが困難な場合は「自分が選んだ信頼できる人や方法によって守っていく」という道のりである。

我々が選択する生活の安全性は商品やサービスを提供する事業者によってもたらされる。事業者は利用者や消費者に安全確保の責任を負う。また事業者は自らの責任となる事故防止に熱心であるべきである。これまでの安全論や安全対策はこの事業者の立場に立った事故防止策がはかられてきた。そして、消費者は「事業者の安全論」を信じてきた。

ところが、事業者が法令遵守や責任論に立脚して伝統的な安全対策を講じても重大で深刻な事故を防止できないことがある。その代表的な事例が平成一七年四月二五日に発生した「経験的には起こるはずのない」ＪＲ西日本福知山線の列車脱線転覆事故である。死者一〇七人、重軽傷者五六二人が出た。事故原因はほぼ明確であったにもかかわらず、結果として大事故を未然に防げなかった歴代経営者四人を検察及び検察審査会が起訴した。そのうち神戸地検から起訴されていた山崎正夫前社長は平成二四年一月一一日神戸地裁で検察の主張した「事故発生の予見の認識」を否定する無罪判決が出された。神戸地検は控訴を断念し無罪判決が確定した。

しかし国鉄・ＪＲ一四〇年の鉄道事故の歴史を通じて、経営者トップに刑事責任が及んだのは初めてのことであり、このことは、遺族、被害者はもとより広く利用者にあっても「起こるはずのない重大事故を未然に防止できない事業者の安全論」はもはや信頼を失いつつあることを意味し、事業経営者自身はこれまでの安全論の基本的な見直しと改善を強く迫られているのである。

事業者の安全論に対する決定的な信頼喪失は、平成二三年三月一一日の東京電力福島第一原子力発電所の事故発生の深刻さである。事業者、国、原子力安全委員会は「いかなることがあっても決して事故は起きない」と断言していたにもかかわらず、致命的な事故が起きた。国や電力事業者に対する信頼は決定的に失われた。

かつて筆者自身も進めてきた事業者の安全論は事業者がいかに安全責任を果たすかという一方向的なものであった。事業者責任の安全論は、長い鉄道事業などの事故の歴史を見ると分かるが、基本は事故の原因と結果の責任関係が重視され、主目的は「責任事故の防止と同種の事故の再発防止」にあった。今回のような大津波の来襲という国や事業者が想定していない事故原因に対しては、事業者は事故責任を追及されないための安全対策を講じておくにとどまり、地域住民や国民に万が一の被害が及ぶ危険は初めから考慮されていなかったのである。これまでの安全論は「事業者責任の及ぶ範囲の安全論」であったことに限界があった。

それに対して消費者が自らの安全を求める「消費者の安全論」は、事故責任や事故原因のいかんにかかわらず被害者とならないための「事故の未然防止の要請」である。換言すれば、欠陥のない商品、期待を上回るサービスである高品質を求める消費者の要請と選択である。消費者の安全論の基本は「欠陥のない品質・サービスの要請と選択」であり、これは「優れた事業者の品質理念追求」と一致する。

結論的に言えば、事業者にあっては法令遵守や科学技術による責任達成で終わるのでなく、事業者が絶え間なく品質向上と改善を目指していくことにより高品質経営が実現し、消費者の安全が保たれ、消費者との間に強い信頼関係が形成されるのである。

そして、それには経営者と組織の「良心」、「優れたリーダーシップ」、「健全な企業文化」の三つが重要で、それらによって事業者の高品質かつ真の安全である究極の安全が可能となるのである。更にそれは、行き詰まってきた日本の進路に新しい発展の方向を示し、今後人類に降りかかる安全にたいする脅威、エネルギーや食糧の大きな危機を救い、持続発展的な社会を実現するものである。やはり数多くの優れたリーダーが出現することこそが生活の安全や社会発展の原動力となるのではないかと考える。

本書は一介の実務者に過ぎない筆者が、究極の安全、高品質経営、人類の永遠の生存を願い、交通の安全から食料の安全まで視点を広げて安全の本質を追求し、これまでの「事業者の安全論」の更なる発展のために「消費者の安全論」の意味と価値を提案するものである。食品の品質改善と農業のあり方を提案した前著『品質求道』（東洋経済新報社）とともに読者の忌憚のないご意見とご指導をお願いする次第である。

平成二四年一月二六日

竹田正興

もくじ

第3章——鉄道重大事故に学ぶ失敗学

第1章

誰も応えられなかった「国民の危機感」

国民の七割以上が今の日本は危険！と予感

実は、平成一七年度（二〇〇五年度）の国土交通白書で、「国民の七割以上が今の日本は危険だと認識している」という衝撃の報告がなされていた（平成一七年一二月調査、満二〇歳以上の男女二〇〇〇人の個別面接調査）。日本は世界中で最も平和で安全な国だという安全神話が存在していたが、当時の国民がすでにそのような回答をしたのは、五年後の東日本大震災と東京電力福島第一原子力発電所が破綻するような深刻な事態を予感していたのだろうか。

調査の結果は次のようなものである。

今の日本における自然災害、事故およびテロに対する安全性の調査を行ったところ、「危険だと思う・どちらかといえば危険だと思う」七一・六％、「安全だと思う・どちらかといえば安全だと思う」二三・八％、「分からない」五・六％であった。

以前に比べての危険度の変化について、「危険」と答えた七一・六％の人に聞いたところ、「以前と比べて危険になった」八六・七％、「以前と変わらない・以前と比べ危険でなくなった」一二・一％、「分からない」一・一％であった。

これらはいずれも消費者国民の安全認識である。国民の七割以上が今の日本は「危険だ・どちらかといえば危険だと思う！」、そのうち八六・七％が「以前と比べて危険になった」として、「危険度が増している！」というのだ。凄い直感力が働いていたようだ。

その理由は、平成一六年、一七年ころ、自然災害、重大事故、各種偽装事件などが頻発し、外交・防衛問題、雇用の悪化、エネルギー・食糧問題、社会生活・健康問題などが背景にあったからとされている。

まず「自然災害」。平成一六年（二〇〇四年）一〇月の新潟県の中越地震で、阪神・淡路大地震以来の震度七を観測し甚大な被害を出した。同年一二月にインドネシア・スマトラ島沖でマグニチュード（以下M）九・〇という巨大地震及び津波に見舞われただけに、国民はこのような巨大地震が日本でも発生したら大変なことになると恐怖におびえた。同年三月に福岡県西方沖を震源とする地震（M七・〇）、同年七月千葉県北西部を震源とする地震（M六・〇）、さらに八月に宮城県沖を震源とする地震（M七・二）が続いた。

集中豪雨が平成一六年七月に新潟、福島、福井で発生し大きな被害が出た。台風も同年に次々と来襲した。二三号台風では京都府舞鶴市で由良川が氾濫し、観光バスが冠水して多数の乗客が長時間バスの屋根に孤立した。米国では二〇〇五年、ハリケーン・カトリーナがフロリダ・ニューオリンズを襲い死者行方不明一三〇〇人を出した。

次に鉄道事故。平成一七年四月、JR西日本福知山線の曲線区間での速度超過による列車脱線転覆事故（死者一〇七人、負傷者五四九人）、一二月にJR東日本羽越線で風圧による「特急いなほ」列車脱線事故（死者五人、三三一人が負傷）、遡って三月に、土佐くろしお鉄道の宿毛《すくも》駅で車止めを突破する脱線事故（運転士死亡）など、衝撃の事故が発生した。同年三月には東武鉄道伊勢崎線竹の塚駅構内の「開かずの踏切」で踏切保安係の「誤まてる」遮断機操作により、通行人二人が死亡、二人が負傷する事故が発生した。

航空の分野での大型旅客機の旅客の死亡事故こそ、昭和六〇年（一九八五年）の日本航空の御巣鷹山《おすたかやま》墜落事故（死者五二〇人、奇跡的生存者四人）以来発生していないが、平成一七年に入ると立て続けに重大インシデントが発生した。即ち一月に新千歳空港で日本航空ジャパン機が、四月には小松飛行場でエアーニッポン機がいずれも管制官の許可を得ずに離陸滑走し、管制官の停止指示で事なきをえた。同年三月には日本航空インターナショナル機の客室乗務員による「非常口扉の操作忘れ」、六月には全日本空輸機が「誤った高度計」の指示に従って飛行、八月にはJALウェイズ機の福岡空港でのエンジントラブルによる引き返しなどが発生した。

航空管制の面でも、同年四月に羽田空港の管制官の失念から工事閉鎖中の滑走路に航空機を着陸させる重大ミスや、空港における管制官とパイロットとの「交信上の言い間違い、聞き間違い」のトラブルが八月に新潟空港で、九月に宮崎空港で、一一月には大阪国際空港（伊丹）で発生し、空港管制の交信業務の抜本的な安全対策の必要性を痛感させた。

また、同年秋にはマンションなどの建築確認時に添付された構造確認書の偽装問題が噴出し、多くの構造物の耐震性に問題があることが判明し、建築確認制度の強化適正化の法改正が行われた。

さらには平成二一年六月「フェーズ6」に引き上げられた新型インフルエンザの世界的蔓延、公害、農業・食品などの不安、あるいは無差別殺人のような凶悪犯罪の多発によって国民の不安や危機意識はたかまっていった。

大震災と原発崩壊——やっぱり「危険だった今の日本」

日本は戦後の高度成長経済がバブルの崩壊によって不況に転じ、二一世紀を迎える頃から消費者・国民の安全の根底を揺るがす深刻な事件事故が続発する。

世紀末から十数年ほどのわが国の安全を脅かし始めた重要な事件、事故を見ていこう。始まりは平成七年（一九九五年）の阪神淡路大震災の頃に発生したオウム真理教事件で、これは世界初の化学兵器を用いた地下鉄サリン・無差別テロ事件であった。

日本を代表する企業で事件、事故などが連続して起き、国や一流企業においてさえ安全確保体制に重大な欠陥があることが判明する。

日本の安全確保の体制は行政や事業者によって伝統的な法令遵守と安全対策で確立されてきた。しかし「行政や事業者の安全論」（以下「事業者の安全論」）には致命的欠陥と限界があり、結果的に国民の安全は守られなかった。

極めつけは今回の東日本大震災と大津波の前に巨費をかけ技術の粋を尽くした長大な防波堤も、絶対安全とされていた原子力発電所の安全システムも脆《もろ》くも崩壊したことである。被災した住民の安全は自主的ないち早い避難しかなかった。

大震災および主な大事件を列挙する。

①平成七年（一九九五年）　阪神淡路大震災（一月十七日）と地下鉄サリン・テロ事件（三月二〇日）の発生

（関西を襲った大震災と、首都東京で史上初の化学兵器テロが発生。警察、関係省庁の捜査力、防止力の限界）

②平成一一年（一九九九年）　ＪＣＯ東海村原子力臨界事故（ＪＣＯは住友金属鉱山の子会社）

（住友金属鉱山の重要子会社にしては、原子力の脅威を甘く見た救われないモラルハザード）

③平成一二年（二〇〇〇年）雪印乳業大食中毒事件（雪印乳業）

（大手専業企業の衛生管理の失敗による大量食中毒事件）

④平成一三年（二〇〇一年）日本でもＢＳＥが発症しＢＳＥ汚染国となる（農水省）

（肉骨粉など輸入飼料依存の日本の工業化酪農のとがめと農水省の行政力の限界）

⑤平成一六年（二〇〇四年）三菱自動車ハブ破損事故（三菱自動車）

（名門企業でありながら虚偽報告をした）

⑥平成一七年（二〇〇五年）ＪＲ西日本福知山線事故（ＪＲ西日本）

（民営分割に成功したが健全な安全文化が築けなかった）

⑦平成一七年（二〇〇五年）建築工事大偽装事件（建築業界、国土交通省）

（規制緩和の中での関係建設業者の良心の欠如）

⑧平成一七年（二〇〇五年）空港の滑走路運用に関する重大インシデント続発

平成二一年（二〇〇九年）（管制官とパイロットの無線交信での言い間違い、聞き違い）

⑨平成二三年（二〇一一年）東日本大震災と東京電力福島原発破綻

（起きないはずの原発のメルトダウンによる原子力安全システムの破綻）

こうして見ると「国民の七割以上が今の日本は危険」、さらに「危険度は増している」と報告していた平成一七年度の国土交通省の調査結果は正しかった。日本では国も一流企業も消費者国民の安全を守ることができず、国民の信頼には応えられていないのである。

行政や事業者は、事故に対する法令や職務上の責任を全うするために、責任のある事故（以下責任事故という）の防止を優先し、過去の災害や事故をもとに同種の事故の再発防止を講ずるのが通例である。「責任事故だけは起こさない」という安全対策が事業者の安全論の核心である。通常はこれで事業者の責任を問われない「合格点の安全」が確保されるため、これをもって可とされてきた。

その結果行政や事業者の安全論は次のようなものであった。国家権力の象徴である霞ヶ関を標的とした地下鉄サリン・テロ事件を易々と許した。ＢＳＥ（牛海面状脳症）の発症はＷＨＯ（世界保健機関）の警告を無視した農水省の対策の遅延によって引き起こされた。東日本大震災では一〇〇〇年に一度の大地震と津波発生により福島第一原子力発電所事故が起こった。「想定外」という判断を下し、起こりえないものが起こっただけだ、それらの大事故・大事件にたいして国や事業者は法令を遵守し必要な安全対策は講じてきたので、やるべきことはやっており、責任は限定的であるという態度である。

東北学院大学の松本秀明氏は東日本大震災の大津波が「想定外」かどうかについて、「同様の地震は約一〇〇〇年周期で起こっており、平安時代の貞観一一年（八六九年）が伝えられているが、二〇〇〇年前の弥生時代にも巨大津波があり、今回の津波は想定外とも言い切れない」と述べている（『読売新聞』平成二三年四月六日）。また平成一六年（二〇〇四年）十二月にインドネシアのスマトラ島でマグニチュード九・〇という巨大地震と大津波で多くの犠牲者が出たことを原子力安全委員会も東京電力も十分に知っていた。

こうしてみると東日本大震災で多くの犠牲者を出し原発の破綻を招いた理由は、想定外事象をはじめから無視してしまうなど、行政や事業者の目指していた安全が、法令遵守や責任事故防止のいわゆる「合格点の安全」であったからである。事業者の安全対策にはもともと限界があったのである。

かくなる上は我々は、謙虚な気持ちで国家国民のための「本物の安全論」を求め、これまでの安全論はどこに問題があったのかを知り、伝統的な責任事故の防止を主眼とした事業者の安全論にとどまらず、新しい発想のもとに「重大事故の未然防止」を実現できる「究極の安全」を目指していくべきであろう。

したがって国家の存亡にかかわるような巨大原子力発電所の安全性問題については、かつての原子力安全委員会の「絶対安全から確率論的リスク評価へ」という科学技術論やコスト・ベネフィット（費用と便益の評価分析）的な方法論で、果たして大自然の脅威やテロなどの不意の危険に対して対処できるのか、国家国民を守る真の安全論たり得るのかという率直な疑問をぶつける必要がある。

もし原発に携わる関係機関と事業者が、法令や科学技術論に止まることなく、事故責任や事故原因にこだわらず、常により高レベルの安全性を目指し安全性の創造に絶え間ない改善努力をしていたならば、今回のような大震災にあっても結果は全く異なったと思われる。

原子力業界ではこのような組織や個人の安全性創造の努力を「安全文化」という。原子力利用における「安全文化」概念の背景には、一九八六年に起きた旧ソ連のチェリノブイリ原子力発電所事故に対する反省がある。多くの潜在的危険性を有しながら、世界的に展開されている原子力利用に当たって、各国の当事者に対して「安全性最優先の価値観」の重要性を啓発的に浸透させる目的があるとされる。

この「安全文化」について、英国のヒューマンエラーに関する心理学の第一人者J・リーズン氏は著書『組織事故』（日科技連出版社）で次のように指摘している。そもそも「安全文化」の定義は一九八八年に、国際原子力機関（IAEA）によって正式に認知された概念で、「安全にかかわる諸問題に対して最優先で臨み、その重要性に応じた注意や気配りを払うという組織や関係者個人の態度や特性の集合体」と定義されているが、これは「理想だけを掲げ、達成方法を明確にしてない母親の説教みたい」なものである、と。

原子力発電産業は元々が大量殺戮《さつりく》兵器の平和利用であるところからか、健全な「産業の文化」はほとんど見られず、安全文化といってもリーズン氏が指摘するように実態的には未成熟であり、今回の福島原発の安全システムの破綻のようにトップから現場にいたるまで「安全文化」が息づいているとは到底言えない。

事業者の安全論と消費者の安全論

歴史的に見てこれまでの「事業者の安全論」は、鉄道会社などが長年にわたって取り組んできたこともあり、その基本は事業者自身のための責任事故の防止論であり、これは実は時と場合により加害者側の安全論でもある。しかし事故にあう側の「被害者＝消費者・国民」の立場に立った「消費者の安全論」こそ重要な意義があると考えなければならない。

交通事故を例にとって見よう。かつてわが国で年間一万人を超えていた交通事故の死者数が五千人を切るまでに減少した。それは近年の交通事故防止対策が功を奏したからだ、と交通安全に携わってきたお役所や関係者たちは言う。減った死者数が交通の被害者の死者の数ならば喜ばしいが、加害者がシートベルトなどの効果で死者数が減ったのだとしたら、安全性の本質の問題として考えると必ずしも手放しでは喜べない。交通事故防止で最優先に対策を講じなければならないのは被害を受けやすい歩行者など交通被害者の安全確保にあるからだ。

平成二十二年度の『交通安全白書』の「主な欧米諸国の状態別交通事故死者数（二〇〇八年）」によると、全体の交通事故死者のうちの「歩行中の交通死者」の構成比は、日本が三一・八％で、フランスは一二・八％、ドイツ一四・六％、イギリス二二・三％、アメリカ一一・八％であった。日本の交通安全対策が成果を上げているとはいえ、交通弱者たる「歩行中の交通死者」の安全対策は遅れていると見ざるをえない。本来、交通の安全対策には加害者と被害者の命のどちらを優先するかという「質的な意味」の問題がある。そしてどうすれば利用者、消費者を被害から守れるかというのが消費者の安全論の意義である。

食品の安全性について見ていこう。食品の安全論は被害者となる「消費者・国民の立場に立った安全論」でない限りほとんど意味を成さない。例えば牛肉については、平成一三年（二〇〇一年）日本でもＢＳＥ（牛海面状脳症）が発症した。牛の異常プリオンという病原体が人体に進入し消化機能を突破し増殖することにより人を死に至らしめる種の壁を乗り越えた人獣共通の感染症である。以来日本では牛の全頭検査を行い、脳や脊髄、回腸などの特定危険部位を取り除いた後でないと牛肉を販売できないようになった。

牛肉については事業者が生育過程において安全性を作りこむことができなくて、解体処理後の検査で危険と思われる部位を取り除き、残ったものが安全とみなされ、その段階で全頭の安全検査が必要となったのである。生産事業者の安全確保は破綻してしまい、消費者段階の安全性チェックによってかろうじて安全性が保たれているのである。これは草食動物の牛に自然の法則を逸脱して肉骨粉や多くの薬品を与えて促成飼育を行った結果、生産事業者のみならず人類が受けた天罰のような感染症といえる。

実際、交通事業など一部を除き企業は収益実現が株主責任である以上、「顧客第二」とはいっても、安全の確保を経営理念として掲げていても真に実践することはなかなかできないのである。そのため通常、事業者責任としての安全は法令規則などを守り、安全管理体制を確立し、ヒューマンエラーを防止し、再発防止に努めるならば合格点とされてきた。従って、多くの「事業者の安全」のレベルは、大概この「合格点の安全」で維持されてきている。

しかし事業活動の多様化、複雑化に伴い、事故の原因は個人のヒューマンエラーによる責任事故だけでなく、組織要因、外部要因、想定外事象、思いがけない自然の脅威、テロなどに関わるものまで多岐にわたっている。そのためこれからの安全対策は、従来の事業者の製造責任、輸送責任的な安全管理手法だけでは十分ではなく、消費者の求める「事故未然防止の安全レベル」に応えなければならなくなってきた。

それは生産段階で決して「不良品、危険を生じさせない」という商品、サービスの高品質を絶え間なく追求して、事故を極力未然に防止し、顧客、消費者を決して被害にあわせないように「消費者の安全」を志向することである。

「消費者の安全論」の意味と価値

これまでは被害者＝国民の側にたった消費者の安全論は、遺族や被害者の会、消費者団体などの主張以外あまり目にすることがなかった。

しかし現実は事故が発生すると被害にあうのは利用者・消費者である。消費者は事故の被害者とならないために、事業者に対して当然に事故未然防止の安全性を求めることとなる。消費者の「事故未然防止の要請」は、事業者にとっては大事なお客である顧客、消費者を決して事故の被害者としないためにはどうしたらよいかという「事業者の強固な良心」の実行を求めているのであり、「消費者の安全論」にはこのような重要な意味と価値があるのである。

ところが実際は、消費者の安全確保は、工業製品は言うに及ばず交通や医療、更には食品に至るまで自らの命の安全を事業者に丸ごと預けた「他力本願の安全」になっていることが多い。福島原発の事故以降、脱・原発、自然エネルギー選択などという声が上がってきた。これまで原子力発電所の安全について多くの住民・消費者は国や電力会社に任せっきりで、万一の事故対応はなおざりであり、住民の命を守る避難訓練も行われなかった。

毎日の生命維持に不可欠の食べ物の安全は大切なことだが、利用者・消費者は「見栄え、うまい、安い」で買ってしまい、その「品質」を自ら判断して買う人は極めて少ない。本来消費者にとって、自分の安全は余程信頼がないと他人には任せられないはずであるが、現状は、はなから任せきってきたのである。

この自らの生活諸機能を公共機関など外部に頼むことを「安全学」の村上陽一郎氏は安全の「外化」といって、都市化によって安全など諸機能が「外化」されるのが近代社会だと述べている。しかし、安全の確保に国や事業者の対応が追いつかない実態のもとでは、消費者の安全を確保する最も確実な方法は、食べ物など自ら作ることができるものは極力自分で作るという「自給自足」を実行することである。

次に消費者自身が生産できない商品やサービスはその品質を見極め信頼して「選択」していくことになる。自給自足にしろ、品質や安全性の選択にしろ、消費者が自らの安全を確実にしていくためには、まず自己判断の生活態度を身につけていくことが必要である。

例えばインフルエンザにかかったとき、病院に行って医者に頼んで出してもらった抗生剤で治そうとするのではなく、休養して自力で治すのが基本である。（ちなみに抗生剤は風邪などの細菌には効いてもインフルエンザ・ウィルスには効かない。）

都市で生活する消費者が、他力本願にならず日常生活で自力で安全を確保するためは、商品やサービスを「選択」するしか方法がない。安全性の選択は商品やサービスの「品質」の「良し悪し」を見ることになる。

品質については、交通は「安全、正確、快適、迅速、低廉」、食品は「本物、健康、自然」などといわれてきた。品質と選択の関係は、最終的に人と人によってなされるものであり、事業者の強固な良心や経営品質に対する信頼などが決め手となって選択される。

選択というときに、海外旅行の場合、航空会社のジェット航空機を利用する便利さは絶大で、これは命を預けてでも便利さを優先させるべきは明らかだ。しかしわれわれは旅行代金の多寡もさることながら、少しでも安全そうな航空会社を選んでいる。

電車やバスを利用する通勤通学の場合は、選択の余地は少なく、国民は各種の公共的交通機関を信頼して利用している。

「消費者の安全」を考えるときに、高品質が毎日の生命維持に直結していて、最も消費者主導で商品、サービスを選択すべきものは何といっても食べ物が最優先である。
① 食べ物は、口に入れた瞬間から生命の構成要素となっている。にもかかわらず食べ物はほとんど他力本願の事業者の安全で終始しており、残念なことに「消費者の安全」は意外に

機能していない。消費者はもっと品質を重視し、いい食べ物、いい生産者を選択した方がよい。後で述べる農家と消費者、外食産業などの提携による「一億人総農業論」は食べものの自給自足の実行を通じて「消費者国民の食の安全」を確保しようという理想的な農業構想である。

② 医療・薬品の安全は確かに命にかかわるものだが、患者・消費者はやや医療頼み、薬依存に陥っている。確かに医者は確度の高い診断を下してくれるが、病気の真の原因まではなかなか追いきれないため、どうしても現れた症状に対する治療ということになる。しかし基本的に病気の原因を作ったのは患者であり、したがって病気を治すのも実は患者自身であって、医者はその手助けをしているに過ぎない。健康や病気の治療は患者・消費者自らが生活習慣を改善するなど、食べ物と同様患者・消費者の側により多くの摂生や養生が求められる。

③ 交通、鉄道などの安全は歴史的に尊い人命の犠牲のもとに再発防止のために積み上げられ、消費者の信頼もかなり得ているが、まだ万全ではない。交通の安全には国が事業の許認可をしており国の役割もある。

④ 工業製品の安全も、過去に深刻な公害事件などがあったが、現在、工業製品は品質管理がかなり良好に行き届き、最も消費者の信頼度は高いように思う。これは事業者の安全体制

が消費者の信頼を得ていたものだが、今度の原発事故は事業者の安全の欠陥と限界を露呈してしまった。

結局、農業生産や交通事業などに直に関与できない都市の消費者は、農家や食品会社の商品あるいは航空会社のサービスの「品質」を自分で見て判断し「選択」することにより安全を求めていくこととなる。

消費者の安全論の意味と価値は、消費者が決して他力本願でなく、事故未然防止の要請をして、それを満たしてくれる事業者のより高品質な商品やサービスを選択していく「信頼関係の形成」にある。

ここまで来た消費者の安全性選択

他力本願ではない「利用者、消費者の安全性の選択」について実際例を見ていこう。

航空機輸送のように規制緩和が進み一路線に複数の航空会社が運行されている場合は、消費者の選択の条件は、運賃や快適性などもあるが、最終的には利用者・消費者による安全性の信頼度による「航空会社に対する選択」で決まってくる。

こういう動きとしては二〇〇七年六月二八日、欧州連合（ＥＵ）の欧州委員会がインドネシアの国営ガルーダ航空を含む全ての航空会社五一社に対して、（欧州）域内への乗り入れを禁止する方針を決めた事例がある。これは同年三月ガルーダ航空機が着陸に失敗し炎上するなど、インドネシアでは航空会社の新規参入に伴う競争激化などで安全対策に対する懸念が生じたためである。欧州委員会のバロー副委員長（運輸担当）は同日、航空ブラックリストを公表し、「世界の旅行者に安全情報を伝え、航空会社や当局に適切な安全対策をとるように促す」と述べた。（『日本経済新聞』二〇〇七年六月二九日。この二〇〇七年のインドネシアの航空会社に対する域内乗り入れ禁止措置は、その後「安全対策が進んだ」として、二〇一〇年前半には解除され、欧州線は再開された。）

北欧の大手スカンジナビア航空（ＳＡＳ）は、二〇〇七年一〇月二八日、事故やトラブルが多発しているとして、カナダのボンバルディア社のＤＨＣ８−Ｑ４００型旅客機の運行を今後取りやめると発表している。理由は「機体の質に問題が多く、使用を続ければ顧客の要望に応じられなくなる」というものである。これに対しボンバルディア社は同日「再点検で安全性を確認している」という反論を発表した。

同型機は我が国でも平成一九年（二〇〇七年）三月、高知空港で前輪が出ないまま胴体着陸する事故を起こしたほか、欧州でも事故が続発し、一〇月二七日コペンハーゲン空港で同型機の着陸事故が発生したのを受けてＳＡＳは運行中止に踏み切った（『日本経済新聞』同年一〇月二九日夕刊）。

我が国の交通における消費者の安全について、自動車事業の規制緩和の問題で見ると、たとえば平成一二年（二〇〇〇年）二月の規制緩和で貸切バスの事業区域免許制が廃止され、原則として日本国内どこでも走れ、運賃も届け出制になった。その結果規制緩和前の平成九年には一九〇五社であった貸切バス事業者が、平成一九年には四一五九社に急増し（二・二倍）、競争が激化した。その結果、平成一九年（二〇〇七年）二月長野県白馬から大阪に戻る途中の長野県安曇野市の「スキー貸切バス」がモノレールの橋脚に激突して、運転していた貸切バス会社社長の長男が重傷、添乗員の三男が死亡、乗客二五人が重軽傷という重大事故が発生した。規制緩和で旅行会社間の値下げ競争が誘因となり、無理な運行を余儀なくされた過労運転が事故となったのである（『交通新聞』平成一九年七月七日）。国土交通省は「貸切バスに関する安全等対策検討会」を設けてバス事業者のみならず旅行業社もメンバーに加え、総合的な事故防止策が検討された。この中で注目されるのは、「（事業者の安全性評価を行って）旅行会社や利用者が優良なバス事業者を選択できる仕組み」を作ろうとしていることだ。消費者や旅行業者は、貸切バス事業者に対する安全性評価（星印の数）を参考に、利用するバス会社を選択するのである。

また、起こるはずのないエレベーターでの死亡事故、ガス湯沸かし器による死亡事故、シュレッダーによる指の切断事故などを教訓に改正された「消費生活用製品安全法」が平成一九年（二〇〇七年）五月から施行された。事故情報を速やかに消費者に知らせることにより、製品の選択、注意事項、誤使用の防止などを通じて消費者の生活の安全度は高まることとなる。

ところが安全上最も重要なはずの食品について、平成一九年（二〇〇七年）に限っても「牛肉ミンチ事件（六月）」、「白い恋人（八月）」、「名古屋コーチン（九月）」、「赤福餅（一〇月）」、「比内地鶏（一〇月）」、「船場吉兆（一一月）」など食品の消費期限、賞味期限、肉の表示偽装が頻発した。これらはいずれも「経営者の良心」の問題であるといえる。食品業界ではもともと真の品質管理からはかけ離れたところがあり、依然として多くの会社は大なり小なりこのような体質から抜け切れていない。しかしこれらは、食の世界では決して本質の問題ではなく、農業食料関係では隠れた深刻な問題を抱えている。

なかでも「究極の不安要因」は、やがて遺伝子組み換え技術を利用した知的所有権の支配する工業化農業の世界的浸透である。遺伝子組み換え技術の農産物への導入の問題は、世界的には事実が先行し穀物など大半は遺伝子組み換え農産物が主流を占めるにいたっている。

遺伝子組み換えの安全問題は短期的な「実質的同等性の評価」で大丈夫ということだが、これはまさに「事業者の安全理論」であって、長期的見地からの真の安全性は誰にもわからないのである（なお「実質的同等性の評価」については、第7章「人類の危機を救う消費者の安全論」の「食べ物を襲う更に危険な兆候」で説明する)。

従って消費者が遺伝子組み換え食品を選択するか、自然食品を選択するかによって安全問題の結論が決まっていくのであり、消費者の品質論的判断が遺伝子組み換え食品の今後の帰趨を決めると言っても過言ではない。

遺伝子組み換え農産物の本当の深刻な問題は、遺伝子組み換えによる種子の知的所有権の市場独占の結果、地球上の「種子資源が枯渇」の危機に立ち至る恐れがあることである。私が「食べ物の安全性」が、品質的に最も重要と言っている意味はここにある。人類存亡の鍵をにぎる「種子資源」を守れるか否かは、決して事業者の安全論ではなく、それで生命を維持している消費者、生活者の直感的選択にかかっている。命を守るために「選択をする消費者の安全論」の本当の意義はここにあるのではないかと考える。なお、種子資源の枯渇の恐れについては人類にとって最も深刻な安全問題なので、章を改めて考えて見たい。

第2章

事業者の安全論の発展

鉄道、自動車、航空機の安全レベル

鉄道、自動車、航空機の安全性のレベルは、それぞれ次元、特性、システム、歴史を異にしているので一概には論じられない。鉄道はレールの上を鉄製車輪が点接触に近い状態で走るために、摩擦係数が小さくエネルギー効率の極めて高い、運転上は最も単純化された「一次元の交通機関」である。鉄道はその発祥以来多くの事故によって築かれた二〇〇年にも及ぶ鉄道安全の歴史であるが、今や時速三〇〇キロメートルの高速運転を実現してなお安全システムの完成度は最も高く、本来信頼できる交通機関である。

鉄道の強みは他の交通機関とは異なり、石油を一滴も使わずに電力で大量輸送ができる唯一の交通機関であり、電気鉄道は地球環境上は最も優れた特性を持つといえる。

自動車は何時でも道路を便利に前後左右に自由に走れる「二次元の交通機関」だが、安全性はその分低下する。激増した自動車台数に対し安全対策が追いつかず、便利さの代償は膨大で、世界の交通事故死者は年間一二〇万人を超え、毎年世界大戦争しているのと変わらない。現状は合格点の安全も困難で、安全確保のシステム化にはまだまだ時間がかかる。それと同時に自動車の排出する二酸化炭素や窒素酸化物の処理も急務であり、エネルギー問題、環境問題も同時にクリアする必要がある。

航空機は海外に出かけるときなどは不可欠の交通機関である。これは空中を自由に飛行する「三次元の交通機関」であり、その安全問題はさらに複雑となる。幸い航空機の進歩と運行管理の自動化で安全性は飛躍的に向上した。藤石金弥氏の『安全・快適エアラインはこれだ』(朝日新聞出版)によると今後二〇年ほどで、世界の旅客機数は現在の二万機から約二倍の四万機に増加するとされている。航空機の製造、整備、操縦、航空管制がシステム的に分離していることと、気象の激変傾向もあり、より一層の安全システムの高度化が求められている。またCO_2など環境問題も無視できない問題である。

ここに鉄道、航空機、自動車についてエネルギー消費、事故率、CO_2の排出量などについて、旅客輸送の面で、それぞれの交通機関毎にまとめてみると、次の1表のようになる。

まず、エネルギーの消費量については、鉄道の人キロあたりの消費原単位は四六七・〇キロ・ジュールで消費量が航空機の三割弱、自動車の二割弱と圧倒的に少ない。このことは、鉄道はエネルギーの消費に無駄がなく、より自然で持続的な特性を持っていることを示している。

したがって、二酸化炭素の排出量も鉄道は航空機や自動車の六分の一以下で少なく、今後燃料電池活用の電車などが実用化になると、更にこの面での優位性は高まる。なお、航空機は遠距離になればなるほどエネルギー効率と二酸化炭素排出量は改善されるが、国内航空の場合は自動車とあまり変わらないのは意外である。

また、一億人キロあたりの事故件数を見ると、さすがに航空機はその進歩のあとがうかがえ、鉄道・航空・自動車は一対〇・一七対三二一で、航空機が非常に良く、自動車が相当悪い。これを輸送人員一億人あたりと、輸送距離の要素を抜いてみると、事故の比率は鉄道・航空・自動車の比率で一対八対二八三となり、航空もあまり良くなく、自動車は危険と隣り合わせの乗り物であることになってしまう。

繰り返しになるが、航空については、航空機製造は飛躍的に進歩したものの、その整備、操縦、航空管制がそれぞれ別個に管理されており、一貫した安全システムを作り上げにくい欠点を持っている。とくに機体の各種整備や日常の操縦、実運行の中から、運航者サイドの新技術が開発され、改善されて、安全性を更に高めるという品質改善の循環が形成しにくいのである。

日本航空の現役機長だった杉江弘氏は一九九四年四月二六日名古屋空港で起きた中華航空140便（エアバスA300／600R型機）事故に関連して著書『機長が語るヒューマン・

表1　鉄道、航空、自動車の機能比較（旅客輸送）

		鉄道 （指数）	航空 （指数）	自動車 （指数）	摘　　要
エネルギー消費原単位 （kJ/人キロ）		467.0kJ （1）	1,619.0kJ （3.5）	2,638.9kJ （5.7）	平成13年度～17年度実績 （単位：キロ・ジュール／人キロ）
事故件数 （年間）	1億人キロ当たり	0.25件 （1）	0.04件 （0.17）	83.85件 （331）	平成6年～11年実績 （単位：件）
	1億人当たり	4.5件 （1）	35.5件 （7.9）	1273件 （282.8）	
事故死者数 （年間・1億人キロ当たり）		0.088人 （1）	0.085人 （1）	1,056人 （12.5）	平成6年～11年実績 （単位：人）
ヒューマンエラーによる事故件数率		52% （1）	72% （1.4）	100% （1.9）	ヒューマンエラー事故率は、自動車が高く、鉄道は低下傾向
CO_2 排出量 （人キロ当たり）		18g （1）	117g （6.5）	111g （6.2）	平成18年度資料より

（注）・エネルギー消費原単位：平成17年交通関係エネルギー要覧より。kJはキロ・ジュール（1kJは約240カロリー）。鉄道はJRと民鉄の平均。航空機は国内線、自動車は営業用乗用車と自家用乗用車の平均。

・事故件数：平成6年～11年の平均。輸送1億人キロあたりの事故件数の比較。鉄道は踏切事故も含む。国土交通省資料より算出。

・事故死者数：平成6年～11年の平均。国土交通省資料より算出。

・ヒューマンエラー事故率：芳賀繁『うっかりミスはなぜ起きる』より。自動車の100%はほぼ100%という意味（ただし、鉄道のヒューマンエラー事故率は減少中）。

・CO_2 排出量：上岡直見『新鉄道は地球を救う』より。鉄道は全国平均、航空は東京～福岡間、自動車は全国平均。

（作成、竹田）

エラーの真実』(ソフトバンククリエイティブ)の中で、次のように語っている。

「(航空機メーカーの)研究者達は机上のアイディアや計算によって、パイロットが実際に要求するのとは関係なく飛行機を設計してしまう。営業を重視する会社の方針で、研究者達はできるだけ乗務員の数を減らし、燃料消費を抑え、経験の少ない新人パイロットでも、飛ばすことができる自動操縦システムを開発することに熱中する。そしてパイロットが正しく使いこなせずに事故を起こしても、説明書を出しておけば責任はないと容易に考えてしまうようになる。」

航空機の場合、とくに規制緩和によって、これは、我が国だけではないのだが、最近の新規参入航空会社などは、新製、中古を問わず航空機をリースし、航空機整備は重整備は中国、シンガポールなどの海外の整備会社に、日常整備の大半を国内の大手航空会社に委託し、操縦士はフィリピン人など外国人労働力を活用して、大幅なコスト削減を前提とした営業が当たり前となっており、「自前の安全体制」は必要最小限にして事業許可を得てスタートするという「低コスト主義」で「コスト競争力重視」の経営になっている。

また、管制業務は飛行場の使用許可という行政上の「公権力の行使」とはいいながら、公用語である「英語」を用いて操縦士と「会話」によって「無線通信」で指示しているが、管制官と操縦士との間に生ずる錯誤を機械システムでチェックする鉄道の信号連動システムのような仕組みは基本的にはない。

したがって、飛行場管制におけヒューマンエラーの防止は、原則として「復唱など再度人によってチェックする方式」が原則となっている。しかし、一九七七年死者五八三人をだした航空史上最大の大惨事となったテネリフェ空港事故の尊い教訓があるにもかかわらず、未だに機械システムでチェックするヒューマンエラーの防止策は確立していないように思われる。

なお、「テネリフェの大惨事」とは、一九七七年（昭和五二年）三月二七日、北西アフリカのテネリフェ島で、ＫＬＭオランダ航空のＢ７４７・２００型旅客機とアメリカン航空のＢ７４７・１００型機が衝突炎上した大事故である。単一の航空機事故では歴史上世界最大の五八三人の犠牲者を出す大事故の発生であった。

この事故の直接の原因は、濃霧の中滑走路上をアメリカン航空機が走行中に、「離陸を待っていろ」という意味の「離陸スタンバイ（Stand by TAKE OFF）」という管制官の意味を、離陸準備中のＫＬＭ機のパイロットが、離陸「TAKE OFF」という言葉につられて「錯誤の離陸」を行ってしまったことである。（この飛行場におけるヒューマンエラー防止の問題は後で「事業者の安全論――まずヒューマンエラーの防止・日航機焼津上空ニアミス事故の教訓とは」の中で考えてみたい。）

自動車輸送の安全性確保は、営業用自動車にあっては、事業者の安全管理体制が機能しうるが、大半は自家用自動車で安全規制の全くかからない個人の自己責任になっている。さらに、道路は自転車、歩行者などとの混合交通であるため、警察の運転免許制度や交通取り締まり、交通安全施設の整備などの交通安全対策と刑事責任の追及、あるいは国土交通省の車両検査制度などの定期検査以外に有効な安全方策は見あたらない。

結局自家用車の安全問題は基本的には「交通道徳」の問題なのである。自己責任の安全管理の最後の拠り所は「マナー」になる。また事故のリスク防止については、運転者自身の「防衛運転の実行と、損害保険の普及によってカバーする」という考え方で問題解決をはかるしかない。

この防衛運転であるが、自ら事故を起こさないことはもちろん他の車の追突などの被害も受けない運転方法をいい、現在は運転者、同乗者ともシートベルトを締めるようになったが、私は、車にのる場合は最終的には、ヘルメットをかぶることになるのが良いと思っている。茨城県警にいたとき脳外科の医師のお話を伺い、防ぎきれない追突の「むち打ち症」から身を守るには、ヘルメット着用しかないことを教わった。必ずヘルメットを着用する工事現場の視察よりも車に乗る方がはるかに危ないからだ。

私は昭和四六、七年（一九七一、二年）当時、交通警察の現場にいて実感したのだが、昭和四〇年代に入り事故が急増し「交通戦争」といわれたときに、「全国交通安全運動」の果たした役割は大きく、戦後の荒廃から立ち上がった日本にあって唯一国民の心がまとまって成果を上げた例ではないかと思う。それも、昨今はすっかり停滞しているようで残念である。交通の安全は、自動車を運転する者も電車の乗客なども「交通道徳」が必要である。今後は「交通マナー向上運動」のような形で、安全、教育、道徳、親切、環境改善というように幅広く、大人も子供も全国民が参加する仕組みを作り、「公徳心」による安全文化を高揚していくことが必要であろう。

鉄道事業者に見る経験主義の安全論

「事業者の安全」とはいかなるものかについて、一九世紀の鉄道の発祥から事故と闘い続けてきた鉄道事故の歴史を振り返りながら考えてみたい。

筆者が国鉄在職時代に運転保安のオーソリティであった伊多波美智夫氏は『無事故への提言』(交通協力会出版部)で伝統的な鉄道安全の確保(保安)について経験主義的な立場から次のように述べている。

「保安とは歴史の積み重ねである。そして、保安とは事故経験の積み重ねでもある。その時代時代における研究、開発、経験が基盤となって今日の保安が積み上げられている。突然変異的に保安が生まれることはあり得ない。今日のような技術開発の頂点においてさえ、安全を脅《おびや》かす恐怖からは逃れることができないのが現実である。（日本の）鉄道一〇〇年余の保安の歴史はまさに訓《おし》えの歴史である。」

一八三〇年鉄道発祥の地イギリスにおいて、「世界初の本格的な鉄道であるリバプール・マンチェスター鉄道が、開通当日に死傷事故を起こしたのは有名なエピソードであり、鉄道と安全との戦いを暗示する出来事であったのかも知れない」と、元JR東日本会長の山之内秀一郎氏は著書『なぜ起こる鉄道事故』（朝日新聞出版）の書き出しで述べている。同書には詳しく書かれているが、まもなく二〇〇〇年になる鉄道の歴史を見ると、創業当時、蒸気機関車は驚異と賞賛をもって迎えられたものの、満足なブレーキもない列車を走らせての列車衝突事故、蒸気機関車のボイラー爆破事故、鋳鉄製橋梁《ちゅうてつせいきょうりょう》の破壊による列車の海中落下事故など技術未成熟、安全システム不在の状態で、次々と夥《おびただ》しい犠牲者を出した。

それを何とかまともな輸送機関として制御し、システムとして安全性を確立しようとしたのが「ブレーキ、ブロック、ロック」という安全の三点セットだったと氏は述べている。「ブレーキ」は手ブレーキだったものをとりあえず「空気ブレーキ」への進化させたことをいい、「ブロック」は「一区間に一列車しか入れないという」鉄道安全の基本ともいうべき「閉塞《へいそく》システム」をいい、「ロック」はレール分岐と信号が連動し列車進路の安全を図るというシステムである。この「ブレーキ、ブロック、ロック」は鉄道安全の基本三原則であり、技術的な内容は当時とは格段に進んでいるが、現代の鉄道でもこの三原則が安全システムの中核を形成している。

第二次大戦後の日本国鉄は劣悪な設備、車両のもとで、一日たりとも休むことなく復員輸送、占領軍の進駐輸送に力を振り絞り、激増する客貨の輸送需要に応えながら、過密ダイヤといわれた輸送力増強に励んだ。

しかし老朽設備、資材難、人材難、職員の生活難はいかんとも成し難く、全国的に鉄道重大事故は後を絶たず、例えば八高線（東京都八王子—高崎間、単線、通票閉塞方式）などでは短い間に壮絶な重大事故が二件続発する有様であった。昭和二〇年（一九四五年）に多摩川鉄橋上での「閉塞扱いミスによる列車正面衝突事故」（死者一〇四人、行方不明推定二〇人、負傷者推定一五〇人）と昭和二二年（一九四七年）、東飯能—高麗川で下り旅客列車の下り曲線勾配での速度制御不能による脱線転覆事故（死者一八四人、負傷者四九五人）が発生した。いずれも老朽木造客車が粉砕大破し、被害を大きくした。

更に昭和二六年（一九五一年）の桜木町電車火災事故（死者一〇六人、負傷者九二人）は戦後の最悪期の事故であった。占領中の連合国最高司令部（ＧＨＱ）から安全指導の改善勧告も受け、国鉄は安全綱領を定めて全職員に向けて安全対策の徹底強化をはかった。しかし、その後鉄道以外でも、昭和二九年青函連絡船洞爺丸事故（台風十五号により函館七重浜にて座礁転覆、死者一一五五人。洞爺丸は戦時標準船で船体構造にも問題があった）、昭和三六年宇高連絡船紫雲丸の沈没事故（犠牲者・修学旅行の児童一〇〇名を含み一六六人、なお中村正雄紫雲丸船長は、退船をせず、船中で死亡している）などの大きな海難事故もあり悲惨な事故は後を絶たなかった。

そしてついに昭和三七年（一九六二年）五月三日二一時三七分頃に常磐線三河島駅構内で列車二重衝突事故を起こして死者一六〇人、負傷者二九六人の犠牲者を出した。この第一事故は、発端が下り貨物列車の信号見落としというヒューマンエラーにあったことから、再発防止のために機関士が停止信号を見落としても自動的に列車を止めることができる「自動列車停止装置」（ATS）をこの事故を機に広範に導入した。（図1参照）

三河島事故の四年後の昭和四一年（一九六六年）には信号冒進などヒューマンエラー防止の決め手としてATS装置が国鉄全線の最低限必要な箇所に設備完了し、保安度は大きく改善された。しかしATS装置といえども万能ではなく、その後も信号に対し停止や減速ができずに発生する脱線事故、追突事故などが続いた。

なお三河島事故は多くの教訓を残した失敗学である。確かにATSなどの装備により三河島の第一事故である下り貨物列車の信号冒進というヒューマンエラーは防ぎうる。しかし三河島事故の一六〇人もの犠牲者は、実はATSの設置で防げる第一事故によるものではない。直後

図1　常磐線三河島駅事故現場図

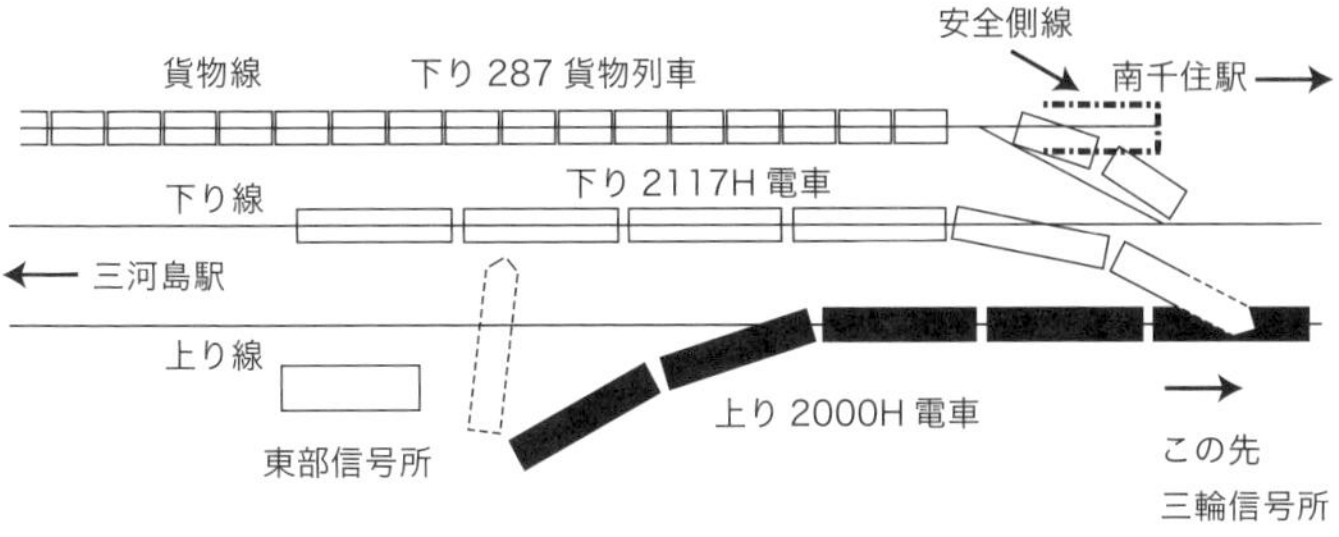

下り287貨物列車（編成45両）
下り2117H 電車（編成6両）
上り2000H 電車（編成9両）

（諸資料より作成、竹田）

に機関車、炭水車に接触脱線した下り2117H電車（上り本線支障・第二事故）によるものでもなく、六分後に時速七五キロメートルで事故現場に進入して来る「運命の上り電車を職員が止められなかった」第三事故によるものであった。（1図の「上り2000H電車」が下り2117電車に衝突後、線路を歩いている多くの乗客をハネ飛ばしてしまった。）この種の事故は現場の「人の力」で防ぐしかないのである。

「鉄道事故による安全の教え」として、法令遵守やATS装置など科学技術による保安度の向上は欠かせないが、必ずしも安全規則や機械システムが万能でない現場にあって、とっさに事故を防止し、その拡大を防ぐ最後の砦《とりで》は現場の「人の力」である。日頃の教育訓練の成果に基づく「やる気」「熟練」「チームワーク」の現場のリーダーシップが発揮できるか否かに多くの人命が託されているのである。

それどころか、事故の再発防止に関しては、全く同種の事故を過去に二度も経験しながら、貴重な失敗学を生かせず、同種の大事故の三度目の再発防止ができなかったのが、実は三河島事故であった。（もっともこれらの事故は戦時体制下の事故であったためほとんど伏せられ報道も広くされることはなかった。従って、三河島事故の当時、これらの貴重な教訓を生かすことは実際は無理だったのかもしれない。）

過去の全く同種といっていい一度目の事故は、鉄道省時代の昭和一六年（一九四一年）東海道線塚本駅の列車二重衝突事故である。脱線転覆現場に旅客電車が進入して重大事故となったのである。ただし乗客が少なかったために、この事故は二重衝突事故ではあったが、死者は三人、負傷者は一四七人であった。

二度目の同種事故は、三河島事故と同じ常磐線の土浦駅構内の貨車入れ替えミスに端を発する列車二重衝突事故（死者五七人、負傷者七七人）で、昭和一八年（一九四三年）一〇月二六日一八時五四分に発生した。この土浦駅の事故は第二次大戦中とはいえ、三河島事故と「瓜二つ」で、最初の入れ替え機関車の脱線から三分半後に上り貨物列車が入って来て衝突、脱線・転覆し、更に二分半後そこへ進来中の下り旅客列車を事故現場の前で止めることができず衝突、脱線・転覆し、四両目の客車は四〇メートル先の桜川に転落水没し大惨事になったのである。信号掛や駅助役、乗務員が周章狼狽し、十分な時間がありながら下り旅客列車の停止手配がとれなかった。
この土浦駅構内の事故については、土浦市の医師佐賀純一氏が貴重な記録『木碑からの検証（上・下）』（筑波書林）を残している。それをもとに『事故の鉄道史』（日本経済評論社）の著者佐々木冨泰、網谷りょういち両氏が同著に「土浦、三河島の事故の対比図」を示され事故の同一性を論証している。

事業者の伝統的安全論の限界は克服できるか？

その後国鉄は財政の破綻、労使抗争の激化などで経営難に陥り、世界一正確な列車ダイヤを持ちながらも事故が発生すると「たるみ事故」と批判された。高速鉄道時代を迎えて、健全な経営、健全な企業文化の創造に向けて昭和六二年（一九八七年）、国鉄改革で出直すこととなった。

ところが平成一七年（二〇〇五年）、国鉄改革によって誕生した新生ＪＲにおいて、長い国鉄時代を通じても前例を見ない「曲線区間における通勤電車の速度超過の脱線転覆事故」が起こってしまった。後述するＪＲ西日本の福知山線の列車脱線転覆事故で、死者一〇七人、負傷者五六二人に達する大事故であった。

検察当局は、事故発生の曲線区間に速度超過を検知するATS装置が設置されていたら事故が防げたにもかかわらず、それを怠ったとしてJR西日本の経営者を事故発生の予見義務違反、結果回避義務違反で起訴した。検察審査会も同様の判断をしたようで、経営トップないしそれに準ずる経営者の四人もの訴追は、国鉄、JRを通じて鉄道事故の歴史上初めてのことであった。（起訴されていた山崎正夫前社長には平成二四年一月一一日神戸地裁において、検察の主張する予見義務違反も結果回避義務違反も否定した無罪判決が出て確定した。）

確かに当該曲線区間に速度超過を検知するATS装置が、会社側の判断で設置されていれば、この事故は防げたと考えられるが、二年余にわたって「事故原因」の調査を行った国土交通省の航空鉄道事故調査委員会（後藤昇弘委員長）は、平成一九年六月二八日、本件の事故の原因は「曲線軌道を速度超過した運転士にある」という報告をおこなっている。

その理由は本件運転士が曲線区間で所定の制限速度（時速七〇キロメートル）を守っていれば速度超過を検知するATS―P型装置の有無にかかわらず事故は起こりえなかったからである。すなわち事故当時の国土交通省の「鉄道に関する技術の基準を定める省令」（技術基準）五七条にはATSの設置義務は「信号の現示に応じ」となっており、JR西日本の福知山線事故で問題となった曲線区間の速度超過を検知し、列車を止めるような機能に利用することは法令上定められておらず、そのような使い方は残念ながら汎用《はんよう》には至っていなかった。

国土交通省はＪＲ西日本の福知山線の事故をうけて、省令に「（信号の現示）及び線路の条件に応じ」を追加し、本件事故後に、曲線等における速度超過防止のためのＡＴＳの緊急整備を指示したのである。

鉄道事業者の安全の歴史を見る限り、明治時代の鉄道開業以来、国や事業者の安全確保の原則は法令遵守による責任事故防止とその再発防止にあった。三河島事故の反省で生まれた画期的なＡＴＳ装置も信号冒進など同種の事故の再発防止にほぼ限定されて使用されており、ＪＲ西日本の福知山線の事故のような曲線区間における速度制御の安全確保策は、線区全体に自動列車制御システム（ＡＴＣ及びＡＴＳ―Ｐ型）の導入がない限り、運転士に対する「定められた制限速度の遵守」とされていたのであった。

鉄道事業者としては、運転士の信号冒進など事故に直結する恐れのあるヒューマンエラー防止のためには機械設備の整備強化によって安全度の向上をはかっているが、一つは単純曲線における速度超過防止などは伝統的に運転士の制限速度遵守に拠るしかないと考えられてきたことと、単純曲線までカバーする安全施設の整備ということとなると実際は線区全体に自動列車制御システムを導入する必要があり、それには多額の投資を必要とするという問題があった。

後者は安全度が飛躍的に高まることはわかっていても投資額がかさみ、投資効果が認められない限り実行は困難であり、ここに事業者の安全論にはコスト・ベネフィット（費用対効果）

の壁という限界が厳然とある。

そうすると安全対策の推進とコストの壁という課題は事業者の安全論にとっては最大の難題であり永遠の課題のように見える。

ところが、航空鉄道事故調査委員会（後藤昇弘委員長）はＪＲ西日本の福知山線の事故発生の背景にＪＲ西日本の「運転士管理方法が関与した可能性がある」と指摘した。このことは同社の「組織の企業文化」に問題があったことを示している。したがってＪＲ西日本の福知山線の事故対策としてＡＴＳの導入などの「安全投資の費用対効果」の課題はそれとして、運転士など従業員が「不安や恐れ」を抱くことなく「やる気、熟練、チームワーク」で能力を発揮できるように企業文化を改めることの重要性が指摘されたのである。これが企業文化の健全化であり、その原動力となるのは法令遵守や科学技術の発展もあるが、最終的には「強固な良心の優れたリーダーシップ」の下に絶え間なく組織の安全性創造力の向上を目指すことだと考える。

逆に言えば、健全な経営の下で健全な企業文化が浸透すれば、現場がやる気、熟練、チームワークをもって維持され、多額の機械設備を投入しなくとも、このような単純曲線における安全性は「制限速度の遵守励行」という伝統的な安全対策でも十分に確保されることは、歴史的経験的に認められている。

事業者の安全論——まずヒューマンエラーの防止

「ヒューマンエラー」（いわゆる人為ミス）には、①うっかりミスや錯覚等により「意図せず」に行ってしまうものと、②行為者がその行為に伴う「リスク」を認識しながら「意図的に」行う「不安全行動」とがある。

ヒューマンエラーは「結果であって、原因ではない」という意見もある。従って、エラーの背後や上流にあってエラーを引き起こす「要因」は「個人だけでなく組織」にもあり、これを防止することが重要だ。従って、ヒューマンエラー発生の予防には、「基本動作の励行」に始まる「安全管理」の推進にあるが、最終的には人の注意力を「機械システム」で補完しチェックすることである。

この体制を強化してきた鉄道はヒューマンエラーは著しく減少しつつある。それがほとんどできない道路自動車輸送などにあっては、未だに事故のほとんど全てがヒューマンエラーということになる。

そして、ヒューマンエラーの要因のうち問題なのは、うっかりミスや錯覚による「意図せず」に行うものもさることながら、「意図的」に行う「不安全行動」が危険で、「安全装置のスイッチを切って運転する」などの「危険を承知の不安全行動」が大事故を招くのである。

このように「危険を知らずに」冒すエラー、「危険を知りながら」大丈夫だろうという思いこみの両方のヒューマンエラー防止のためには、機械システムによるチェック機能は不可欠である。

日航機焼津《やいづ》上空ニアミス事故の教訓とは？

航空の場合、全体の事故の七〇％以上は「パイロットないしパイロットと管制官に関わるヒューマンエラー」によって起こっているといわれている。

杉江弘氏の『機長の告白』（講談社）によると一九八八年からの十年間の世界の全航空事故のうちで、乗務員、管制に関わる人的事故は七三％（うち、管制官は三％）、航空機、整備に関するものが一六％、気象、その他に関わるものが一一％であり、圧倒的に乗務員に関わるヒューマンエラーがらみの事故が多い。ただし、多くの場合、管制官とパイロットは会話で無線交信しており、その間に生ずるヒューマンエラーが問題となる。

航空のヒューマンエラー防止策の「曖昧さ」の問題は平成一三年（二〇〇一年）の「日航機焼津上空ニアミス事故」で白日の下に明らかとなった。この事故は、国である管制官の「誤指示」（ヒューマンエラー）に端を発したもので、平成一三年（二〇〇一年）一月三一日、日本航空の羽田発那覇行きの日航９０７便（乗客乗員四二七人）と釜山発成田行きの日航９５８便（乗客乗員二五〇人）が焼津上空で異常接近して起きた。

事故の概要は、航空事故調査報告書によると次の通りである。（図２参照）

①訓練中の管制官（Ａ）が、静岡上空高度三万七千フィート付近で成田へ向けて巡航中、（水平飛行中）の９５８便に出すべき降下指示を、間違えて那覇行きで上昇中の９０７便に出し、訓練監督者の管制官（Ｂ）もこれに気づかなかった。

②直後に、両機の空中衝突防止装置（ＴＣＡＳ・Traffic Alert and Collision Avoidance System）の回避指示（ＲＡ・Resolution Advisories）が作動、ＲＡは９０７便に上昇、９５８便に下降を指示したが、９０７便の機長は上昇指示のＲＡに従わず、管制官の（誤りの）指示どおり

図２　日航ニアミス事故の状況

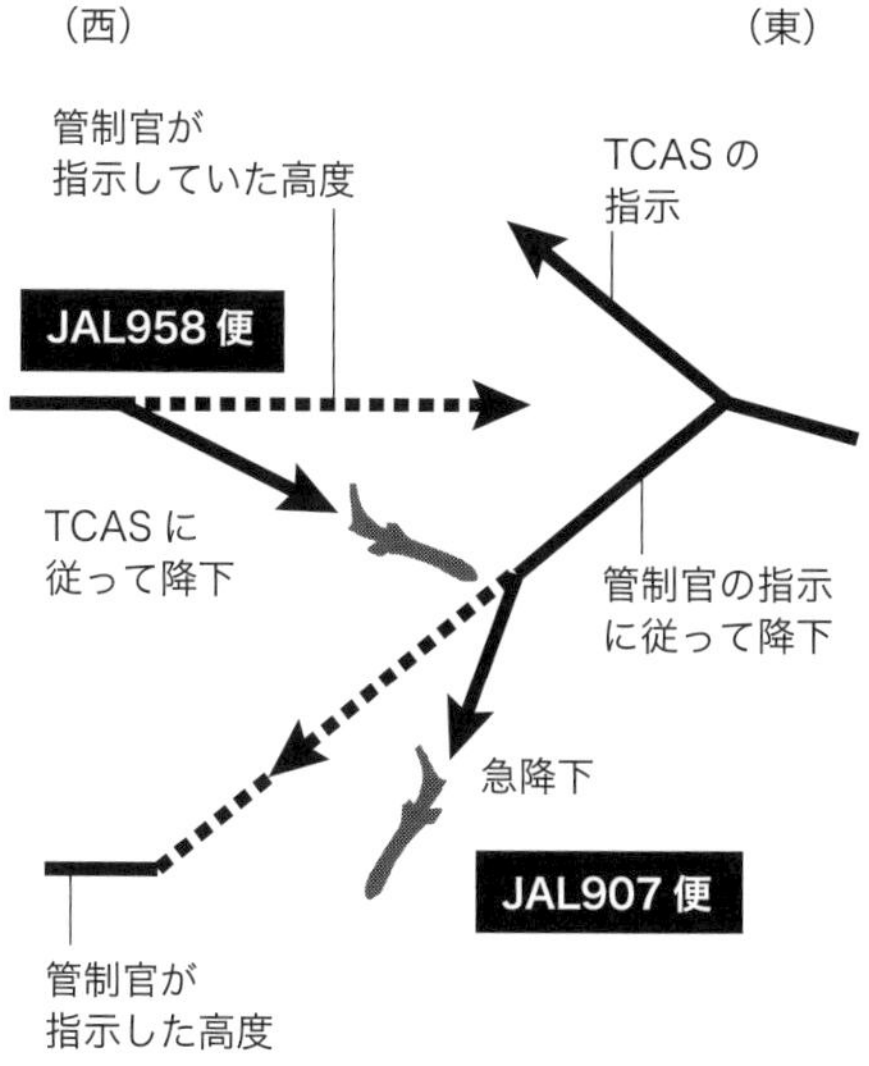

『朝日新聞』2006 年 3 月 21 日より

降下を続けた。

③その結果両機とも下降して最接近し、907便が衝突を回避するため急降下した結果、機内で計一〇〇人が重軽傷を負った、というものである。

この事故で誤指示の管制官二人が起訴され、刑事事件として裁判になったが、平成一八年(二〇〇五年)三月二〇日、東京地裁の判決は誤った指示を出した管制官を無罪とした。

その理由は「A管制官の指示(それに気づかなかったB管制官も)は不適切だったが、907便が指示どおり下降を続け、958便がそのまま水平飛行していれば両機の間隔は開いており、誤指示だけではニアミスを招く実質的危険性はなかった。またRAが何時どのように作動するか、具体的な情報は管制官には提供されず、両被告も認識できなかった」(『朝日新聞』二〇〇五年三月二一日)。従って、両被告は無罪とされた。

この東京地裁の判断は、いわば、管制官の誤指示だけでは事故に至らず、むしろ空中衝突防止装置など機械システムに対する機長の対応の不備、認識不足などに問題があった、というもののようである。

その後この事件は、平成二〇年四月、二審の東京高裁において管制官二人の誤指示は「危険な指示」として逆転有罪となり、執行猶予付きの禁固刑が言い渡された。

さらに平成二二年一〇月二六日最高裁は被告の上告を退け、最終的に航空管制官二名に対する有罪が確定した。同日の『産経新聞』によると最高裁第一小法廷の宮川光治裁判長は「刑事責任を問わないことが、現代社会における国民の常識にかなうものであるとは考えがたい」と指摘したと伝えられた。

最終的には最高裁判決をもって誤指示の管制官に有罪判決が確定したことで、管制官の「口頭指示」の責任は依然重い。しかし管制官といえども人間である以上いつかは過ちを犯す恐れがあることから、何時までも重い責任を負わせ続けるわけには行かない。したがって管制官とパイロットの間に生ずるヒューマンエラーに対し、機械システム導入による的確な事故防止システムの早期確立は必然となった。

結局、誤指示の管制官の有罪が最終的に確定した。管制官とパイロットとの間で指示、承諾等の意思伝達に齟齬《そご》を生じ、それが原因で生ずる恐れのある事故を防止するためには、①「人（パイロット）は機械システム優先で行動すべきだ」という重要な統一原則の徹底と、②「管制官とパイロットとの指示連絡が錯綜する恐れがある飛行場などにおけるヒューマンエラー防止のためには、機械によるバックアップシステムの早急な導入」が必要となった。

当然のことながらこの事故後、航空各社は運行マニュアルを改訂して「航空機の回避指示（RA）と管制指示が食い違う場合は、RA（回避指示）に従う」ことが徹底されている。

日本には羽田空港、新千歳空港、伊丹空港のように複数の滑走路があっても、滑走路を横断しないとターミナルと連絡できない空港があり、離着陸や滑走路横断などでの管制官とパイロットとの間の運用に関する重大インシデント（重大事故につながるおそれのあった事案）は続発しており全国的にあとを絶っていない。

このような飛行場における管制官とパイロットとの間の「言い違い、聞き間違い」などのヒューマンエラーを防止するためには、会話交信に加えて機械によるバックアップ機能の導入が必要となる。具体的には管制官は航空機の移動、離着陸等の管制指示を口頭で行うとともに、信号機も連動して自動的に現示するシステムを導入することになる。こういう機械システムは鉄道などではるか以前から実用されて確実な成果を挙げている。

それは急速にすすむ航空のオープンスカイ化と羽田、成田を初めとする当面の混雑空港等の発着回数増加に対応して有効であるとともに、将来、並行滑走路の同時発着を可能として、安全を従前以上に確かなものとするためにも必要である。

また「日航機焼津上空ニアミス事故」の最高裁判決が平成二二年（二〇一〇年）一〇月に出され、国である「誤指示の管制官」の有罪が確定したことから、国も管制官のヒューマンエラー防止対策の早期実行は避けて通れず、この面からも特に混雑飛行場等への交通信号機の導入による安全対策は早急に講ずるべきものと考える。

ヒューマンエラー・ゼロの無人自動化運転は到達目標か？

近年、鉄道はコンピューター技術の進歩により、「ヒューマンエラー・ゼロ」を標榜する自動運転の時代を迎えつつあり、東京でも東京都交通局所管の軌道「ゆりかもめ」（平成七年開業・新橋—有明間一一・九キロメートル）や日暮里を起点とする「舎人《とねり》線」（平成二〇年開業・日暮里—見沼代親水公園間九・七キロメートル）などは既に運転士も車掌もいない無人で大都市近郊の通勤軌道電車を運転中だ。

鉄道の無人自動化運転は、支障される恐れのない「専用軌道が確保」され、「自動列車制御システムの導入」と「ホームドア（可動式ホーム柵）が整備」されることによって可能となる。しかし平成一七年（二〇〇五年）茨城県つくば市と東京都日暮里間五八・三キロメートルを結ぶ「つくばエクスプレス鉄道」は、これら近代的な設備条件の下に開業し無人自動化運転も可能ではあったが、車掌を省略し運転士を乗務させて一人乗務運行を行っている。

このように鉄軌道の無人自動化運転は「縦に動くエレベーターを横に動かすようなもの」で「究極の安全」鉄道だという人もいる。確かに無人自動化運転の努力がヒューマンエラーの防止を推進した上に、多くの利用者が強く望んでいた混雑駅のホームドアの設置を促進し、省力化運転を可能にしたことは都市交通の近代化に大きく貢献した。

しかし運転技術上からだけを見れば、事業者の安全論の下で無人自動化運転は不可能ではないが、コストの削減のための無人化は、結局経営理念の問題だが、輸送サービスの「品質」を極限まで切りつめた営業ということになる。これは仮にヒューマンエラー・ゼロでも、安全のレベルで言うと事業者の安全の特徴である「合格点の安全」にとどまり、異常事態発生時の二次災害の防止や迅速な救護などの面に問題を残す恐れがある。

例えば無人運転の「ゆりかもめ」は平成一八年四月一四日に金属疲労による車輪脱落というあわやの事故を起こしている。これは、平成一四年、横浜市で三菱自動車の大型車から脱落したタイヤに直撃された母子三人が死傷した事故と同じ「ハブ破断」が「ゆりかもめ」でも起きたことになる（『東京新聞』平成二〇年二月二九日）。乗客二三〇人に死傷者はなかったが、三日間運休し二二万人に影響した。運行会社は事故について「想定の範囲外だった」と言っていた。しかし、「想定外の事故」は刑事責任は免責されることがあっても、輸送業者としての顧客、利用者に対する「輸送サービス」の品質管理責任まで免れるものではない。

これまで幾つかの事故の原因やその対策を見てきたように、一般に事故の原因は、必ずしも人的責任のヒューマンエラーだけではなく、むしろ組織に起因する責任を特定できない事故がある。外部要因、製品不良、想定外事象、自然災害など危険要因は目に見えない形で拡大し続けているのである。更には急病人の発生、テロなどの危険からいかに安全を確保し、救出するかという問題もある。これらの想定外事象の事故防止は、最終的には人の力によるしかないからである。

従って、安全は「人」のミスによって損なわれることがある。機械システムではカバーできない「想定外事故」を防ぎ、最終的に安全を保つのも「人」である。その「科学技術と人」の総合力が「究極の安全」を可能とするのであり、これによって顧客満足と信頼が得られるのである。

さらに、少し技術的になるが自動化システムの浸透に伴い、ハイテク化に比例して安全が向上するものなのかどうかという基本問題がある。これについては、日本航空の現役機長だった杉江弘氏は『機長の「失敗学」』（講談社）の中で次のように述べている。

「私は現状のままで、（航空機の）一層のハイテク化を進めるのには危険を感じている。重要なことは人間であるパイロットまでハイテク化させないことだ。失敗学の考え方によって、他人の冒した致命的なミスや自分が冒した小さなミスを教訓として、ほとんどの事故を防ぐことは可能であると力説したい。結論的にいうならば、マニュアルどおり、素早く間違いなくコンピュータを操作できる能力だけでは対処できないことがある。（従来のパターンとは異なった緊急事態など）未知の危機に対処するには、失敗学を身に付けた上に、創造力のある人間でなければならない。それはコンピュータ万能主義に陥ったパイロットでは限界がある。安全性の他にも定時性、快適性など、フライトごとの乗客のニーズをコンピュータは知らせてくれない。それはあくまでも人間であるパイロットが、創造力をもって仕事に臨むほかに方法はないのである。」

航空機は空中を自由に飛行できる三次元の交通機関であるが、「創造力をもった品質の良いフライト」を「プロフェッショナル・フライト」と呼ぶようで、航空機だけ科学技術による自動化、ハイテク化が普及しても、運航全体の利用者・消費者が求めている「究極の安全」を目指すには「人的創造力」がどうしても必要だと強調している。

事業者の安全と消費者の安全は表裏一体

ではここで「事業者の安全」と「消費者の安全」のそれぞれの特徴をまとめてみたい。

長い歴史を有する鉄道安全において、鉄道事業者が目指してきた安全は「責任事故」の防止であり、極端に言えば踏切事故や自然災害のような他者責任や原因が不可抗力的な事故は防止努力はするものの、どうしても避けられないものは伝統的に致し方ないとされてきた。この責任事故防止と再発事故防止が「事業者の安全」の基本型であり、それをもって可とする「合格点の安全」でもあった。

　これに対して今求められている安全の考え方は、顧客・消費者の側から「事故の未然防止を要請」する「消費者の安全論」である。これは原因や責任の追及もさることながら、最初から事故の起こりえない、被害者を生ずることのない生産体制、サービスの提供体制を確立していくことを要請する。いわば「欠陥のない商品、サービス」という品質理念的安全論の思考である。

　結局「事業者の安全」は、煎じ詰めると事故の「原因や責任」を重視し、エラーや過失による責任事故は絶対に起こさないとするものであるが、「消費者の安全」は、はっきり言えば自身の安全のために、事故の原因や責任の有無を問わず、初めから欠陥や危険のない商品やサービスの提供、もしくはその絶え間ない努力を求めているのである。換言すれば消費者の安全は「高品質創造の安全」、「高品質を要請し、選択する安全」であり、何よりも「顧客が求める安全」なのである。

　したがって、事業者は顧客・消費者に安全の主張をされると、煙たく思うことがあるかもしれないが、企業の発展のための新しい事業者の安全は当然のこととして、顧客、消費者の求める高品質商品、高品質サービスの要請にこたえるしかなく、事業者の顧客第一主義は積極的に「消費者の安全論」を取り入れていくこととなる。これが消費者の安全を取り込んだ「未然防止の安全」であり、「究極の安全」への道ということになる。

まとめてみると、次のようになる。
事業者の安全―（事業者責任の達成）＝法令等遵守―事故再発防止の約束―合格点の安全
消費者の安全―（消費者への高品質）＝高品質の選択―事故未然防止の要請―究極の安全
「事業者の安全」と「消費者の安全」は決して対立する概念ではなく、高品質を求め最終的に究極の安全を目指す点で両者は表裏一体の関係である。実際に消費者の安全を取り込んだ未然防止の安全の代表的な例を鉄道であげれば、新幹線などに行き渡っているATC（自動列車制御）運転方式のレベルということになる。東海道新幹線は当時未体験の時速二〇〇キロメートルを超える高速運転だったため、危険要因を予め除去する「事故未然防止の安全」の考え方が当初から導入されていた。運転方式は運転士が乗って発車停車はしているものの、自動列車制御方式（ATC）が導入されて、運転士のヒューマンエラーがほとんど事故に結びつかないようにしているのである。いわば、最初から運転士などの人的のミスを原則的に排除し、機械による制御ミスもフェールセーフでガードしているのである。
今や東海道新幹線は昭和三九年（一九六四年）開業以来旅客の死亡事故ゼロを続ける究極の安全を実現しつつある高速電気鉄道と評価されている。しかしそこに至る道程は平坦ではなく、学ぶ組織の継続的な研究、改善改良、失敗学の積み重ねがあった。
それらの詳細は昭和四〇年に新幹線支社車両部長、更に国鉄労働科学研究所長などを歴任された斉藤雅男氏の『新幹線　安全神話はこうしてつくられた』（日刊工業新聞社）をご覧いただきたい。同書には東海道新幹線開業後、頻繁に停まってしまうなど数多くの苦労話が語られている。何よりも、少なくとも三回はあった重大事故寸前のインシデントはもとより、停電、パンタグラフ故障、ブレーキ不良、過走、路盤沈下、災害による崩壊、東京駅での脱線、それに時速二一〇キロメートル運転になって酷《ひど》くなった雪害対策、更には営業事故とも言うべき乗車券販売業務の混乱、はたまた新幹線トイレからの汚物の吹き上げ事故に至るまで東奔西走した様子が想い出深く語られている。

斎藤氏は「現在の新幹線の安全性や信頼性は、神話でも何でもなく、自分たちが研鑽《けんさん》に研鑽を重ねて、実現してきた現実そのものである。神の手によるものでもなく、また、ハードウェアさえ整えれば自動的に達成されるワケでもなく、全て基本は日本人の手によって、積み重ねてきた成果なのだ」と述べている。

これは事業者による高品質輸送サービスの追求であり、顧客、利用者、消費者から高い信頼と満足を得ており、究極の安全に近づいているといえよう。

こうして、消費者の安全を取り込んだこれからの「事業者の安全」の発展型は、「原因と責任の確定による再発防止の安全から、品質管理の徹底による危険要因の未然除去に成功しつつあり、生産過程で安全を作りこみ未然防止の安全、究極の安全を目指して消費者の信頼に応えていくことになる」と思われる。

『日本的品質管理』（日科技連出版社）の石川馨氏は、このような品質管理の考え方を、「品質管理あるいは品質保証は、そもそもは検査重視の考え方から出発している。（しかし）工程で次々不良品が作られるようでは、いくら検査を厳《きび》しくしても追いつかない。それよりも、最初から不良品を出さないようにすれば、検査に莫大《ばくだい》なお金を使わないですむ。風邪をひきやすいからといって、薬を沢山買って準備しておくのが良い方法だろうか。風邪を引かないような強い体質を作ることの方が先決であり、正しい予防法であろう」と述べている。これこそが消費者の安全を実現する品質管理の精神なのである。

第3章

鉄道重大事故に学ぶ失敗学

桜木町電車火災事故は組織事故だった！

昭和二六年（一九五一年）四月二四日に起きた京浜線桜木町駅電車火災事故は死者一〇六人、負傷者九二人を出した。この事故の原因は多岐にわたり、まるで縦割りのピラミッド型組織の底辺に横たわる危険因子が次々に連鎖拡大して大惨事となったように見える。「次々と事故が発生していながら、なかなか列車を止められない！」、あるいは「最後に乗客の命を守らなければならない乗務員が周章狼狽《しゅうしょうろうばい》する」という訓練不足で「安全確保の実行ができない組織」の弱点を露呈し、悲惨な結末となった。

ただ、この事故には、敗戦後公共企業体日本国有鉄道発足時のリーダーシップもチームワークもとれない騒然とした歴史背景があったのである。

国鉄は昭和二四年（一九四九年）六月一日に新しく公共企業体として発足するが、そのほぼ一カ月後の七月五日朝、前運輸次官でGHQ（連合国総司令部）と交渉の矢面にあった初代国鉄総裁下山定則氏が通勤途上日本橋三越本店に入ったまま忽然と姿を消した。下山総裁は翌七月六日常磐線綾瀬・北千住間の線路上で轢死体となって発見された。（下山事件）

さらに、同年七月一三日に国鉄が六万三千人の第二次人員整理案を通告した二日後には、東京三鷹電車区で無人電車が暴走し、六人が死亡した。（三鷹事件）

同年八月一六日には東北本線金谷川・松川駅間で、何者かによって線路の継ぎ目板がはずされ、旅客列車が脱線転覆し、機関士ら三人が死亡した「松川事件」が起こった。

立て続けに起きた三つの怪事件は反対闘争を激化させていた労働組合や日本共産党に嫌疑がかかったが、いずれも真相は不明であった。この翌年昭和二五年（一九五〇年）には朝鮮戦争が勃発し、特需景気で鉄道の輸送需要は急激に高まっていく。

こうして、GHQの労務政策の民主化から反共への政策転換、悪性インフレ退治のためのドッジ・ラインの緊縮財政強化、定員法による首切り、国鉄をめぐる三連続怪事件の発生、輸送力逼迫などで安全管理体制が打ち立てられなかった混乱期に、松川事件に続いて、この不幸な電車火災事故が起きた。

桜木町電車火災事故の概要を久保田博著『重大事故の歴史』（グランプリ出版）など諸種の資料から整理すると、衝撃の惨事は、昭和二六年四月二四日一三時三八分から始まる。（図3

図3　桜木町駅電車火災事故現場

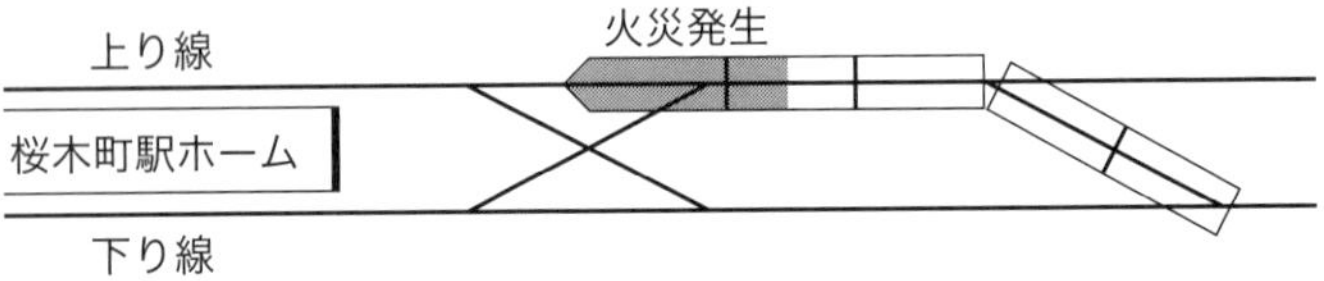

桜木町駅における電車火災事故について・沖田祐作氏所蔵から著者作図

参照）

①　一三時三八分大船電力区工手長以下七人が桜木町駅手前の上り線の吊架線《つりかせん》（パンタグラフに接する架線をつっているワイヤ線）の碍子《がいし》交換作業中、誤って架線を断線垂下（約三〇センチの緩み）させてしまい、駅信号所の信号掛に走り、「非常事態発生」を通報し、電車の運行停止手配を依頼。

②　通報内容が不正確だったのか、駅の信号掛は停止手配をとらず、電力工手たちも進入してくる電車を止めなかった。（以上第一事故）

③　一三時四二分頃、そこに、戦時標準でできた燃えやすい五両編成の半鋼半木製６３系電車が進入し、架線にパンタグラフが絡《から》まり、車体屋根と電気ショートし、電車屋根（木製）から火災が発生。

④　桜木町駅進入中の同運転士は、火災発生を知って、早速パンタグラフを下げ電源を遮断《しゃだん》した。ところがパンタグラフが架線に引っかかり横倒しとなり、車体との間でショートし火災を拡大

した。車掌がドアスイッチを扱ったが、もはやお客を脱出させる乗降ドアは開かなくなった。(以上第二事故)

⑤横浜変電区は電車の電気ショートで直ちに給電中止したが、不可解なことに鶴見変電区の高速度遮断機が機能せず送電を継続した。そのため一三時四八分まで約五分間事故現場の架線に電気が送られ、火勢を強めた。

⑥一両目の火災車両の乗客は電動機が動かないので、ドアが開けられず、また、窓からの脱出は三段式固定窓(29センチ間隔)のため窓からも思うように出られず、貫通扉も内側開きで殺到する乗客で避難もままならず、多くの乗客が車内に閉じこめられ、悲惨にも焼死するもの多数発生。

⑦このとき電車のドアの非常コックは電車の外にあり、電車運転士(添乗の電車掛も)がそのことに気がつき、ドアコックを外から開けたらまだお客の命が救えたものを、同運転士は周章狼狽し、そのことに気がつかなかったという。死者一〇六人、負傷者九二人。(第三事故)

これまでこの事故は、国鉄ないし国鉄職員の訓練不足、戦時標準の劣悪な車両、設備条件下にありながらも、職員が冷静に対応することさえできていれば防げた連鎖的ヒューマンエラーの多重事故であると見られていた。

しかし、よく見ていくと、当時の国鉄はあまりにも輸送力の復興に追われ、運ぶことを以って手一杯で、事故発生などの異常時でも「列車を止める」ことがなかなかできず、一方、車両設計や車両構造などを見ても、組織としてお客の安全、お客の命を最重要視する設計などとてもできなかったようで、ここに大きな問題があったように思う。その意味でこの事故は戦後初の「国鉄の組織事故」という疑問も出てくる。

ただこの事故は、先の三件の鉄道怪事件とは異なり、事件性はなかったとされるが、混乱期にあって国鉄事故史上最も悲惨な事故の一つとなった。

初代下山総裁を引き継いだ二代国鉄総裁加賀山之雄氏、運輸総局長の小西桂太郎氏はこの事故で引責辞職する。また、当時の国鉄工作局長の島秀雄氏も、国策とはいえ可燃性車両など戦時標準による粗悪な車両開発の責任をとってこれまた辞任したとされる。島氏はその後十河信二総裁に請われて復帰し、世界に冠《かん》たる新幹線鉄道技術を完成している。この事故で、工作局長の島氏までもが辞めた。『島秀雄遺稿集』（ＪＲＥＡ）によると、島氏は、「大きな事故を起した後必ずと行っていいほどセクト主義が表に出て、自分達の仲間の責任でないと逃げ回るのみである。私はこうしたことに実に嫌気がさしてしまった」と述べている。

本件事故の再発防止の緊急対策としては、電車の非常扉の「開閉コック」の設置位置の明示、車両間の貫通路の扉を「引き構造」に改良、「幌《ほろ》」の新設、パンタグラフの二重絶縁、変電所の故障選択遮断機の設置、また、恒久対策としては、63系戦時規格電車の三段式窓の「固定した中段」を移動できるように改造、車両設備の難燃化の促進、車両構造の金属化などが講ぜられた。

この事故の裁判は最高裁まで行く。昭和三三年四月一五日の最高裁第二小法廷では事故責任は、電力工手長と信号掛の打ち合わせ不備を重視した判決（いずれも禁固一〇カ月、運転士ほか二名は禁固六カ月）になった。

なお火災発生後電車運転士及び電車掛によるドアコック扱いができなかったことによって、多くの乗客の命を救いえなかったことへの責任は無理と見たようで、前方安全不確認などの限定責任を問うものとなっている。

ここで、筆者が元国鉄の保安専門家伊多波美智夫氏と共に事故の真相を調べていくうちに、事故の経過⑥の火災車両からの脱出を困難にした三段固定窓は、実は戦時標準によって作られたものではなく、当時、外地からの復員者の急増などにより満員電車に窓から乗降する者が多く、それを取り締まるために乗り降りできないように29センチの間隔で中段窓をワザワザ固定したのだそうだ。（従って田舎の電車には三段固定窓などは見られなかった。工作局長の島氏が嫌気がさしてやめた理由もこれでかなり解けた。）これでは、非常時の脱出を封じたことになり、個人の責任ではなくまさに国鉄の組織責任である。

また、⑦の電車外からの非常ドア・コック（Dコック）の使用（解放）については、当時国鉄蒲田電車区助役の井上秀太郎氏が『運転協会誌』（五四・六）で、次のように証言している。

（横浜地検樺島検事）「Dコックは運転士も知っていたと思うが、証人はどう思うか？」

（検修助役）「図面では知っていたと思うが、実際問題としては検修作業者以外は必要がなく、運転士では無理であり、もし緊急時に探したとしても、コックの位置はまちまちで分からなかったと思う。」

従って、運転士が事故直後に床下にもぐり、冷静にこの小さいコックを探して開放すれば、ドアは手で開けられ乗客は脱出できたはずになる」のだが、それをやり遂げるのはどうも無理があったようである。

とすると、焦点のドアコックの取り扱いも、運転士の責任とは言いにくく、乗客の脱出を阻んだ三段固定窓といい、非常時に外から乗客を救い出す手だてを講じていなかった国鉄の組織責任はますます重大である。

しかし、本件事故の原因分析と再発防止の立場からすると、事故に関わる現場関係者は電力区工手七人、駅信号掛、駅予備助役、電車運転士等二人（含、添乗《てんじょう》電車掛）、車掌、など関係者の個人のエラーと組織の安全管理体制の多重的疎漏《そろう》を嘆かざるをえない。

架線垂下の報告を受けておりながら列車を止められない信号掛！

現場の電力工手長以下も進入してくる電車を止められない！

前方の安全確認を怠ってはならない運転士！

燃えやすい屋根の半鋼製木造車両！

機能しなかった鶴見変電区の高速遮断機！

窓からの乗車を禁じた三段固定窓が乗客の避難脱出を阻む！

乗客を救出できるドアコックを探りあてられない運転士！

あたかも地獄への道がしかれているかのように、誰も閉じこめられた乗客を救うことができなかった。


ＧＨＱ（総司令部）が怒りの「勧告」

どんなに歴史の混乱期にあっても、また訓練ができず、資材機材が欠乏し、国鉄という組織が十分に機能していなくても、多数の乗客の命を預かっている運転士や信号掛は、最後の砦として、何としても乗客の命を救う「勇気ある良心の実行」＝現場の直観的なリーダーシップが求められる。重大事故につながる現場のヒューマンエラーは訓練ができていればやりやすいが、訓練ができていなくとも、どれか一つできていれば大惨事は避けられた。だが、それがことごとくできなかったことはいかにも「現場力」の不足ということになる。

桜木町事故から二週間後の昭和二六年（一九五一年）五月八日に、連合軍総司令部民間運輸局長H・T・ミラー大佐から国鉄総裁宛に次のような怒りの「勧告文」が出されている（伊多波美智夫氏『無事故への提言』交通協力会出版部）。

その中で、GHQのミラー大佐は、国鉄職員の「訓練不足」を指摘し、安全綱領の制定と規定の「簡単明瞭化」を指示し即刻履行を求めたという。

「桜木町駅における最近の惨事の調査の結果、死者数を莫大なものとしたのは車両の木造屋根構造によるものであるが、事故そのものの原因は国有鉄道職員の訓練不足にあることが明らかになった。「運転取扱心得」の各条文を関係職員が良く遵守していたならば事故は避け得られたと思うのであるが、従事員は、これらの規定を遵守しなかった。」

この勧告文では、「運転取扱心得」が複雑すぎるとして簡潔にすることと、鉄道従事員が直ぐに習得できる「安全綱領」の制定を提案し、これが今に伝えられることとなったのである。

安全綱領と簡明な新規定とは、

A節・安全綱領

B節・各職種別運転取扱心得

の制定である。これらのリストは簡潔に保持されること、そして三〇日以内に全従事員の手に渡るようにせよ！というものであった。なお、安全綱領及び当時の運輸省が定めた「運転の安全の確保に関する省令」（昭和二六年七月二日）の第二条の綱領三項目については後に章をあらためて説明したい。

桜木町事故で運転士が、電車の非常用コックを操作し、乗客の命を救えなかったことについて、ＪＲ東日本元副会長の山之内秀一郎氏は、『なぜ起こる鉄道事故』（朝日新聞出版）の中で、「戦後、多数の復員した人達を採用した当時の国鉄では、緊急時の教育や訓練が十分に行き届いていなかったに違いない。事故を防ぐだけでなく、事故が起きたときの適切な処置によって、事故を大きくすることを防ぐことができる。これはあくまでも人間の機敏な判断と日頃の訓練が決め手となる」と述べている。

『事故の鉄道史』（日本経済評論社）の佐々木、網谷両著者は「非常時にとびらを開けて乗客を救出するというのは、船が救命ボートを降ろすのと同じくらい重要なことである」、「これが『後で考えれば知っていたという程度』というのでは、乗務員の教育・訓練に重大な欠陥があったことになる」と述べている。

筆者は、いざという時人命の救助は俗に言う腰が抜け茫然自失となるのではなく、強固な良心に基づく「現場の直感的判断」が決め手だと思っている。これを「現場のリーダーシップ」といっているが、現場のリーダーシップとは、「やる気、熟練とチームワーク」であり、非常時に臨んで、自分がやらなければならない最も大切なことを勇気を持って実行することである。

この「乗客の命が最優先である」という「直感」＝「良心の実行」ないし共通の価値観がおそらく現場における安全文化であり、このような「組織の安全文化」はトップのリーダーシップと現場の教育訓練によって形成されるのである。

この事故で現場職員の誰かが電車の進入を止め、最終的に乗務員が冷静にドアコックを開けることができて乗客の命を救っていれば！という仮定と現実の事故の結末との「差」はあまりに大きい。この「差」が現場のリーダーシップの有無の問題である。事故原因をみる限り、乗客の逃難を困難にした固定三段窓の設置理由といい、外部ドアコックの発見困難性の放置など、職員個人の責任ではなく、国鉄の安全管理態勢にあまりにも過てる欠陥があり、この事故は職員の訓練不足もさることながら、国鉄の組織事故と結論付けざるをえない。

また伊多波美智夫氏によると、ＧＨＱ（総司令部）は、進駐以来、日本の鉄道の安全性に不安を抱き、とくに踏切の危険性を指摘し、その改善を強く求めていたという。そこへあまりにも衝撃的な桜木町電車火災事故が起こり、焼死というむごい犠牲者が大勢出たこともあり、日本の国鉄に安全をこのまま任せてはおけないことになったようだ。

桜木町電車火災事故について、事故の直後輸送局保安課長になられた林武次氏（国鉄常務理事歴任）は、「桜木町事故は国鉄が公共企業体になってから初めての大事故であり、国民が気軽に毎日利用する電車で起こったこと、事故の性質が不可抗力的でなく、十分防止する手段があったのではないか、例え事故が起こっても被害をもっと少なくする方法があるのではないかということで、国民の鋭い批判の対象となり、おそらく国鉄の屋台骨がこれほど大きく揺れたことは前代未聞である。それだけにその事故対策には、国鉄を上げてほんとうに真剣に取り組んだのである」（『運転協会誌』五一年七月）と述べている。

その意味で、桜木町電車火災事故は戦後国鉄の安全態勢確立への出発点となった。しかし、国鉄のいわゆる「列車事故的管理経営」（P・スコルテスの言葉・後述）は、そう簡単に改善できるものではなかった。確かに、林氏は当時「この桜木町事故を契機として、安全を確保するためには、勇敢に列車を止めるんだという基本理念が次第に浸透していったのである」と述べているが、これは実際はなかなか浸透しなかった。この事故から僅か一一年後に、「またしても止めなければならない列車を止められなかった」という第二の悲劇がやってくる。常磐線三河島事故である。

三河島事故――巨大組織における現場のリーダーシップ

茫然自失、出せなかった「止める勇気」

昭和三七年（一九六二年）五月三日発生の三河島事故についてはすでに事故の概要をすでに述べて

いるので重複は避けるが、この三河島事故は下り第287貨物列車の信号冒進《しんごうぼうしん》による第一の脱線事故、その機関車、炭水車に接触し、脱線した下り2117H電車の第二の事故の段階では死者はゼロであり、負傷者もたいしたことはなかった。ところがそれから空白の五分とも六分とも言われる「十分の間合い」を生かすことができず、少なくとも現場に七人はいた関係職員が、誰も接近しつつある上り2000H電車を事故現場の前で止め、防護できなかったことが大惨事になってしまったのである。諸種の資料によると、事故を防止できなかった経過は次のごとくである。

① 結局、第一事故の貨物列車の機関車乗務員二人、第二事故の電車乗務員二人については、事故現場が三河島駅からかなり南千住側になることから、上り2000H上り電車を止めるにはいい位置にいたのだが、残念ながら誰一人停止手配をとれなかった。彼らは事故を引き起こした当事者として、かなり気が動転し、事故後すぐさま乗客にわびて回ったり、負傷者の救出、さらには貨車から流出したガソリンの火災防止などに従事し、上り下り列車の防護には気がいたらなかったようだ。

② 事故現場と三河島駅のちょうど中間にあたる三河島駅から約一〇〇メートルの距離にあった三河島駅東部（岩沼方）信号扱所には信号掛が二人いた。信号掛Aが事故を目撃し、直ちに三河島駅の助役に事故発生を連絡し、指示を求めた。助役からは「直ちに現場に行って確

認せよ」命ぜられ、Aは休憩中だった信号掛Bを現場に差し向けた。Bは現場を見て、暫くして上り2000H電車を止めなければならないことに気がつき、南千住駅に「出発見合わせ」の電話連絡をしたとされているが、電車は出た後で間に合わなかったという。更に事故現場から五〇〇メートルほど南千住よりの三ノ輪信号所にたいし停止信号の手配を頼むが、これも間に合わなかったという。

問題は東部（岩沼方）信号扱い所のこの二人の信号掛は駅の助役の指示を求めたり、他の信号扱い所に停止手配をするものの、「何故か自分の信号所でできる停止手配」を行っていないのである。また現地に行ったB信号掛は最後にぜひとも行《おこな》ってほしかった上り電車に向かって走り、信号炎管ないしカンテラによる停止合図を行う行動も起こしていない。また駅の助役は管理職の立場で、まず第一に列車防護手配をすべきところ、これも上局の指令に指示を仰いでいる。管理局の指令員の手配に二分ほどを要しているようだが、現場が見えない指令員に指示を仰ぐこと自体間違った対処法だった。

東京鉄道管理局運転部列車課常磐線列車指令員三人は三河島駅の助役から第一事故の発生の連絡を受けたが、とった措置は「通知運転」という間の抜けた指令であった。（通知運転とは、複線自動区間において、事故等の場合に旅客列車を長時間停車場の中間においておくことを避けるために、隣接の駅長相互で連絡しつつ列車を運転させる方法。）本件の場合、指令員が第一事故あるいは第二事故の状況から「上り線支障の恐れ」に思いが至っていれば、直ちに上り列車を含む全列車の「一斉停止手配」がとれ、最後の砦になりえた。しかし通知運転の指令にとどまってしまい、せっかく情報を得た管理局指令でも大惨事は防げなかった。

三河島事故を考えるときに、一にかかって上り２０００Ｈ上り電車を停止させることができなかったことが最大の反省である。これだけ多くの職員が現場におりながら、ただ周章狼狽、茫然自失で、貴重な六分間を空白にしてしまった。誰も現場のリーダーシップを発揮できず「電車を手前で止められなかった。」

昭和二六年の桜木町電車火災事故の教訓に立つ「安全綱領」第五項は、はっきりと「疑わしきは、躊躇なく列車を止めよ！」と書くべきだったのかもしれない。

「現場のリーダーシップ」の重み

『何故起こる鉄道事故』の山之内秀一郎氏は、三河島事故に対して「国鉄の安全システムの弱点をついた事故だった。『安全対策の本質を見失うな』という神の啓示だったように思う」と述べている。

また『鉄道重大事故の歴史』の著者久保田博氏は、「過去にもこの種の事故を何度も経験していて、下り電車の脱線から上り電車の進入まで約六分の時間がありながら、上り線に対する停止手配または防護を、列車乗務員も三河島駅関係者のいずれも採らなかったのが、本事故の犠牲者を特に多くした。教育による知識を有し、多少の訓練をしていても、緊急時に役立つことがいかに難しいことであるかが、本事故の教訓であった」と述べている。

本件事故の業務上過失往来危険罪及び業務上過失致死傷罪の判決は昭和四〇年五月二七日東京地裁で下され、第一事故だけでなく第三事故の上り2000H電車を停止させえなかった責任をも追及しているが、量刑は第一事故の機関士が一番重くなっている。

下り貨物列車（第二八七列車）の機関士	禁錮三年
同機関助士	同　一年二カ月
同車掌	無罪
下り電車（第二一一七H列車）運転士	禁錮一年六カ月
同車掌	同
三河島駅助役	禁錮一年執行猶予三年
三河島駅東部（岩沼方）信号扱所信号掛A	禁錮二年
同　B	禁錮八カ月執行猶予二年
隅田川駅三ノ輪信号扱所運転掛	無罪

三河島事故直後、当然十河信二国鉄総裁の引責辞任論が出た。『交通新聞』の有賀宗吉氏が

三河島事故現場の十河総裁（中央）
（『交通新聞』より）

心血を注いで執筆された『十河信二』伝によると、三河島事故の翌日（昭和三七年五月四日）、斉藤昇運輸相は国鉄監査委員会（委員長・石田礼助）に国鉄の事故はなぜ起きたか特別監査を命じた。監査委員会は六月一四日に、「事故原因は、職員の精神のゆるみと訓練の不足からである。今後、現場と血の通った人事管理と保安設備の強化に努めること」という趣旨の報告書を提出し、総裁の責任問題には全く触れなかった。監査報告書が出たので、十河総裁は一六日に首相官邸に首相の池田勇人を訪ね、進退伺いをし、大平官房長官、斉藤運輸相も交えた会談後の記者会見で、「私は三河島事件に対する責任を痛感している。この責任を果たすためには、現職にとどまり、国鉄の管理態勢を強化することに最善を尽くすことがつとめだと考える」と述べ留任した。
また、三河島事故遺族連合会は「総裁は辞めるべきでない」「辞任はかえって責任を回避することで、少なくとも犠牲者の補償問題は、十河総裁の手で解決せよ」ということで、留任の要望書を政府に提出していたという。最終的には、池田総理と大野伴睦自民党副総裁が十河総裁の進退問題を協議し、留任させることで意見が一致したことになっている。

十河総裁の人間の大きさからみて留任は当然であった。だが、あの不可能と思われていた新幹線を現実のものとして成功させた十河信二氏のようなたぐい稀な総裁をもってしても、国鉄のような巨大組織にあっては、現場が自らの力で安全を守り、多くの犠牲者の命を救うことができなかったという現実を忘れることはできない。

ここに現場職員自身が「不安や恐れ」を持つことなく、互いに「信頼と協調」の下に勇気をもって自らの判断の下に能力を最大限に発揮し、リーダーシップをとって「重大事故を未然に防ぐ行動がとれる」という力をつけることが何としても重要となる。

現場のリーダーシップとは「やる気、熟練、チームワーク」であり、現場の訓練にあたっては単に熟練の技術教育だけでなく「やる気」を出させる「心」を作り上げ、チームワークがとれるようにしておかなければならない。

余談になるが東海道新幹線は内外の強い反対論、財政難の中、執念の十河信二総裁と技術の総帥島秀雄氏を車の両輪として優れた広軌新幹線鉄道建設論者が結集して世界銀行の借款まで取り付けて着工からわずか五年で完成させた。しかし十河総裁は昭和三九年一〇月一日、晴れの東海道新幹線開業のテープカットには呼ばれることもなく、前年五月一九日任期満了で辞任に追い込まれた。新幹線を推進した島秀雄技師長、大石重成常務理事も五月三一日後を追うように辞任した。総額二九〇〇億円ほどでできると公言していた新幹線の工事予算が八〇〇億円余不足することが国会で表面化したことが辞任の引き金であった。惜しむらくは十河総裁に対する風当たりは昭和三七年の三河島事故以来日に日に強くなっていた。

確かに、十河総裁といい島技師長といい世界に先駆けて「安全な新幹線高速鉄道」を現実のものとし、日本経済の成長を牽引した偉大なる功績者であった。しかし国鉄四六万人を率いて、深刻で重大な事故を未然に防ぐ現場の安全文化を築き上げるには、まだまだ長い苦難の道のりを要したのである。

十河総裁の後を受けて総裁になり、第三次長期計画の混雑緩和の近代化投資が最大の安全対策だとして国鉄通勤通学輸送などの大改善に取り組んだ石田礼助総裁もこの例外ではなく、またしても同様の運命に遭遇した。

鶴見事故、道義的責任論を断った石田総裁

昭和二六年の桜木町電車火災事故も昭和三七年の三河島事故もヒューマンエラーによる事故ということになる。ヒューマンエラー以外の鉄道事故で、最も対策の難しい事故は「競合脱線事故」などの事故原因を特定できない「想定外事象の発生」である。

昭和三八年の東海道線鶴見事故もその三七年後に起こる地下鉄日比谷線事故もいわゆる「競合脱線事故」とされ、正確な事故原因は未だに明確になっていない。しかし、これらの事故は極めて多くの犠牲者を出しており、我々にとって決して逃げることの許されない「鉄道安全の本質」に関わる解明すべき重要な課題なのだ。

東海道線鶴見事故は、昭和三七年の常磐線三河島事故の翌年の事故であり、筆者が国鉄に入社したその年の衝撃の事故であった。

鶴見事故について『鉄道重大事故の歴史』の久保田博氏（グランプリ出版）は「貨車が脱線して隣の線路を支障した直後に、上下の電車が同時に進行してきて衝突というのは、悪魔のなせる業としか考えられないほどである。事故直後の調査では、線路側、二軸貨車ともに特に欠陥は認められず、また運転状態にも問題がなく、脱線は原因の競合によるものとされた。本事故の発端になった二軸貨車の線路との競合脱線事故は、国鉄では長年にわたって年間数件の発生が続いていたためと、本事故の重大性にも鑑み専門の技術調査委員会を設けて徹底的に対策が検討された」と述べている。

同著によると事故の概要は、次の通りである。(図4参照)

① 昭和三八年(一九六三年)一一月九日二一時五一分、東海道線鶴見—新子安間を下り第2365貨物列車(貨車四五両)が時速約60キロメートルで力行運転中、前から四三両目のワラ501型有蓋車《ゆうがいしゃ》(積荷ビール)がいきなり進行左側に脱線し、続く二両も脱線し架線電柱を傾斜させ、隣接の旅客上り線を支障した。後部からブレーキがかかり、貨物列車の機関士は非常ブレーキを扱い約四三五メートル進行して停止した。これが鶴見事故の第一事故の発生である。

② 直後に旅客上り線を進行してきた東京行き上り第2000S電車(一二両編成)が支障していた貨車に衝突して電車三両が脱線し(第二事故)、脱線した先頭車が同時刻に進行してきた下り第2113S電車の四、五両目と衝突、これを大破し(第三事故)、一六二人死亡、一二〇人が負傷した。第二、第三の事故はほぼ同時に連続して発生し、避けえないものだった。

本件事故のその後の国鉄の事故防止対策としては、技術専門委員会を設け、北海道の狩勝線での脱線実験なども行いながら、車両側では車輪のフランジ角度を改良するなどして、脱線限界値を高めるなどの対策を講じ、線路側では脱線防止ガードレールの設置などを行った。その結果、一九七五年以降は貨車の競合脱線事故はほとんどなくなったとされている。(なお、フランジとは鉄道車両の縁の脱線を防ぐ出っ張りのことをいう。)

正誤表

晶文社 『安全と良心――究極のリーダーシップ』

本書におきまして誤りがございましたので、謹んで訂正申し上げます。

① P.87・15行、16行目

誤 岩崎雄一氏の話によると、この時も国鉄監査委員長の金子佐一郎氏から「石田総裁の道義的責任問題」が提起された。

正 岩崎雄一氏の話によると、この時も国鉄監査委員長の岡野保次郎氏から「石田総裁の道義的責任問題」が提起された。

② P.108・5行目及びP.109・8行目

誤 国鉄再建管理委員会

正 国鉄再建監理委員会

図4　鶴見事故現場見取図（鶴見・横浜間）

「昭和 39 年国鉄特別監査報告書」より

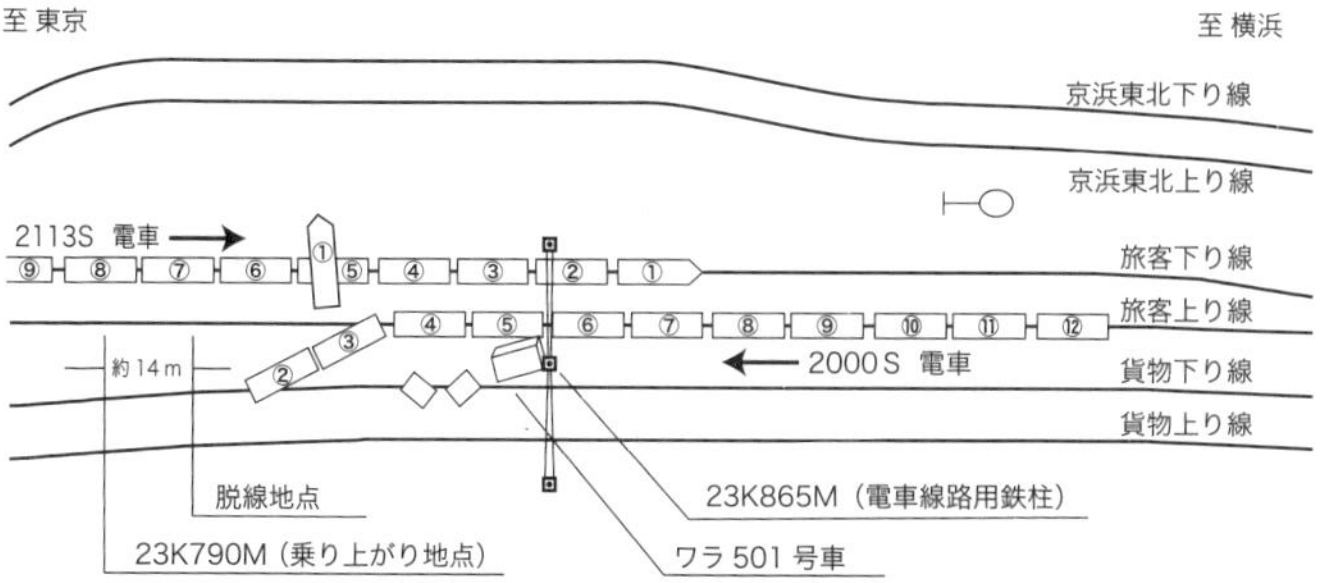

注　2365 貨物列車の前部 42 両は、この図の右方にある滝坂踏切のさらに右方で停止した。

山之内秀一郎氏は『なぜ起こる鉄道事故』の中で、「技術調査委員会の結論は、車両、線路、積荷、運転状況など単独の原因によるものではなく、これらのいくつかの要因が重なり合って脱線が起きた「競合脱線」であるというものだった。技術的には事故の原因を解明し切れなかったのである。（中略）三河島事故と鶴見事故は鉄道の安全に対する本質的な問題を提起していた。前者は人間のミスをいかに防ぐかについて、そして後者は安全のためにまだ解明すべき技術的な課題が多く残っているという点についてであった」と述べている。

鶴見事故のような複数の要因が絡んだ原因不明で、個人の事故責任を特定できない鉄道重大事故発生の場合に、経営トップの「道義的責任論」が浮上するものである。当時国鉄総裁秘書、後に常務理事になられた岩崎雄一氏の話によると、この時も国鉄監査委員長の金子佐一郎氏から「石田総裁の道義的責任問題」が提起された。

それに対して石田総裁は「自分は事故に対する責任は痛感しており、既に池田勇人総理に辞任を申し出たが慰留されてしまった。貴方は私に道義的責任があると言うが、私は道義に悖《もと》るようなことは一切やった覚えはないので、それだけはお断りする」と述べたという。

すべからく合理主義者の石田総裁らしい返答だが、道義的責任というものは政治的責任に他ならず、実業界はもとより、安全管理の世界では国民に対する儀礼的形式の問題である。このとき石田総裁の心中はもっと深い責任感にさいなまれていたのではないだろうか。

城山三郎氏の『粗にして野だが卑ではない』（文藝春秋）によると、鶴見事故の急を聞いた石田国鉄総裁は、（当時新潟に出かけておられた）池田総理に電話をかけ、「えらいことをやりました……」と言っただけで、絶句する。池田は石田を叱咤した。「総裁、あなたがそんなことで、どうしますか。しっかりしなさい、総裁！」（中略）石田はとって返し、遺体の安置されている総持寺（鶴見）へ駆けつけた。そして一六〇を超す棺の列を見て、顔色を失う。足ともおぼつかなく、辛うじて焼香をすませた。石田は遺族を前に頭も上げられず、「ほんとうに申し訳ないことをいたしました」とうなだれるばかりであった。

同書に総裁就任直後の一文の独白がある。「風の向きによって、ときに夜汽車の響きが寝室までとどくことがある。深夜である。万物が平穏なひとときをひたすら貪っている時刻に、な

東海道新幹線出発式で乗務員に声をかける石田総裁
（『交通新聞』より）

お起きていて、職務に励む人のあることを思うと、厳粛な気持ちにならざるをえない。『神よ、願わくは安全を守り給え』と祈る気持ちになる。」

こういう石田総裁に道義的責任はとても問えないだろう。

ところが、その三七年後に競合脱線事故は全く姿を変えてまたしてもおきた。

平成一二年（二〇〇〇年）三月八日九時二分、営団地下鉄日比谷線中目黒駅から上り方約一五〇メートル付近の三三パーミリの勾配、半径一六〇メートルの曲線出口付近で、下り菊名行き電車の最後尾運転台車の前部台車が上り線側へ脱線、約六〇メートル走行した地点で、隣の上り線を走る上り竹ノ塚行き電車（八両編成）の五ー六両目と衝突し、五人死亡、三五人が負傷した。

今度は走行安定性が劣るとされていた二軸貨車

でないボギー台車（車体に対して水平方向に回転可能な装置を持つ台車で曲線通過に支障のないはずの台車）の旅客車で起きた競合脱線事故であった。このように旅客ボギー車両で、線路側、車両側、運転条件などに特に異常がなくて脱線した事故は国鉄一〇〇年以上の歴史でも例がなく、営団地下鉄日比谷線でも一九六四年の全区間開業以来この種の事故は初めてであった。

当時、運輸省はこの前代未聞の事態を重く見て、航空事故調査委員会を「航空鉄道事故調査委員会」に改め、事故原因の調査を命じた。

私も昭和五六年から二年ほど脱線事故現場を通って通勤した経験があっただけに、事故発生を聞いたときは、半径一六〇メートルの急曲線を通過するときのキシミ音の激しさは耳に残っていた。しかし事故現場は中目黒駅の至近距離にあり、低速で運転されていただけに、線路、車両のそれぞれの危険条件が競合したとしても脱線事故に至るとは思いもよらなかった。

今や個々の技術が格段に進んでいる鉄道技術において長い間競合脱線について決定的な対策が打てなかったわけは、私の理解では、土木保線技術と車両工学、運転技術などが、それぞれ別個に体系をなし理論的技術的正当性を競っているところに原因があったように思える。

リーダーシップ論を展開したP・スコルテス氏は鉄道のピラミッド型組織を「列車事故管理組織」（Train－wreck Management）と呼んでいたが、これは、一つは中央本社、地方支社、現場というようなヒエラルキーの問題と同時に、もう一つ、土木、保線、車両、運転、電機、営業の縦割りの組織の厚い壁を言っている。鉄道会社の技術者は大変優秀だが、プライドと縄張り意識が強いことも特徴だ。それは、それぞれに技術的権限と同時に重い責任が負わされているからだ。

したがって、鶴見事故の競合脱線の場合、線路のS字形カーブの問題、軌道保守レベル、二軸貨車の走行安定性、積荷の問題、運転状態など多岐にわたる「原因の積」が競合脱線を引き起こしたわけだ。原因の各部分は所管の部署が別で、安全性の技術的な基準、研究、チェックは「個別の基準」を満たし、成立しており、問題はないという考え方が基本にある。極端に言えば個別に安全性が確認されているから、集積された全体も大丈夫なはずだ、というピラミッド型組織の厳密に区分された各部門の無謬性《むびゅうせい》の主張である。その根底に各部門の責任の証《あかし》を立てているのである。

しかし利用者・消費者の安全論の立場から大事なのは原因や責任の所在にかかわらず、あくまで「事故未然防止の安全確保」である。事業者に対しては想定外事象の競合脱線防止対策に当たり「欠陥のない商品づくり、期待を上回るサービスの提供」に向かって危険除去の改善改良に努力していただくことである。

そのためには線路、貨車、積荷、運転方式などの各部門のお互いが技術の正当性の競争や主張をするのではなく、円卓を囲み信頼と協調の下に結果として全体の安全率を一〇〇%以上に高めるための限りない協力と努力の実行が必要となる。安全性を高めるためには一方では更なる技術改良の推進、あるいは教育訓練の強化などが求められる反面、貨車、積荷、運転方式などについては安全確保上ある程度規制を受ける場合もあるという検討を行うべきではないかと考える。（鶴見事故で最初に脱線した問題の「ワラ形式」の二軸貨車は昭和三〇年代の輸送力増強のために、足回りはワム車のそれを用いながらワゴン部分は一ランク上の積載効率を求めた新型貨車であった。）

しかし現在の鉄道技術では「競合脱線」の現象はほぼとらえられており、原因不明とは言えない状況と見るべきで、車輪形状に設計上余裕を持たせるとか、輪重の管理をより厳しくするとか、ガードレールをつけるなどの対策を車両、線路の技術者が協力して積極的に行うことによってほぼ防げるようになった。（なお「輪重の管理」とは車輪がレールに対し垂直におよぼす力のバランスの管理をいう。）

走行性能に問題のあった二軸貨車については国鉄改革を挟む鉄道貨物輸送の近代化の中ではとんどが姿を消し、ボギー台車のコンテナ車などに転換しており、貨車、積荷の問題は今となっては起こりえないと思われ、難題とされた競合脱線も関係者の協力によってようやく解決したとみていいのではないだろうか。

第4章

規制緩和で安全は脅かされないか？

規制緩和で事業者の安全から消費者の安全へ

わが国の運輸事業の規制緩和は、平成二年（二〇〇〇年）のトラック事業等の規制緩和を皮切りに、旅客鉄道事業、貸し切りバス事業、国内旅客船事業、国内航空運送事業、乗合バス事業、タクシー事業、港湾運送事業などほぼ全事業分野の参入・退出などの需給調整規制が廃止されることとなった。

規制緩和は、一定の市場環境形成に向けた一連の整備法策のもとで、参入・退出・運賃の決定などの規制を廃止し、ないし緩和することにより、「競争が促進され、事業活動の効率化、活性化を通じたサービスの向上・多様化等により利用者利便の向上等をはかる」ことを言う。すなわち規制緩和は、事業者の事業活動の自由競争、利用者の利便性向上を狙った経済的な効果の実現が目的である。

しかし、規制行政は事前チェックは可能であるが、規制緩和した後は原則的に事後の検査などに頼るしかなく、前述の貸し切りバス事業の安全問題などのように（三〇頁参照）、競争激化による無理な運行の結果事故が起こり、「後の祭り」になりかねない。

したがって規制緩和による安全面の効果は、流れとしては従来の独占的免許事業等に対する国や事業者の安全管理から、利用者、消費者にできるだけ情報を開示し、消費者は多くの競争事業者の中からより高品質のサービスを選択し安全性の選択をすることになる。

アメリカの航空業界では一九七〇年代から規制緩和が始まったが、規制緩和の結果競争が激化し、無理な運航やコスト削減などが原因で事故が多発したとか、安全確保のうえで規制緩和の弊害が大々的に問題とされているようには見受けられない。

しかし米国航空会社は規制緩和後、既に「一五〇件もの破産と五〇件もの合併を引き起こしている」（デンプシー、ゲーツ著『規制緩和の神話』日本評論社）という。国内旅客市場の九割を支配する大手七社は、二〇〇二年一二月のユナイテッド航空の経営破綻以降、デルタ航空、ノースウェスト航空、ＵＳ航空、更には「唯一倒産しなかったアメリカン航空」までもが二〇一一年に経営破綻に追い込まれており、業界は更なる際限のないリストラ競争のなかで厳しい状況が継続している。

このような米国における航空の規制緩和下の激しいコスト切り下げ競争の中で、安全性はいかにして保たれているのか。

この疑問に対して『規制緩和の神話』の著者は、①航空機製造メーカーによる「少々破損しても飛行を続けられるような非常に強靭《きょうじん》な航空機」、「悪天候に良く耐えられる設計」、「整備不良でも運行を継続できるなど、二重・三重の安全対策を組み込んで設計されたジェット機」を使用できていること、②パイロットは「(自社の)利益幅が急減するにつれて整備費が大幅に削減されていることなどを知悉《ちしつ》しており、死の恐怖(と乗客の命を守る使命感)をもって真剣に安全運航に努めている」ことをあげている。

同著によると、航空機惨事の主な原因は、「パイロットまたは管制の(人的)誤謬《ごびゅう》」、「不完全な航空機(機材の欠陥)」、「神の為せる技(天候)」の三つであり、規制緩和下の激しい競争下にあっても、優れた「航空機メーカーの技術」と「パイロットの使命感」があれば、かなりの事故は防げるとする。

しかし最近、米連邦航空局など行政当局は、安全確保の面で規制緩和後の航空業界に警戒感を強めはじめている。米ネブラスカ大学・航空宇宙研究所のボーエン所長は「政府は査察官を大幅に増やすなど安全対策を強化すべきだ。消費者も(安全性の)格付けなどを参考に会社を選別した方がよい」と述べている(『東京新聞』平成一七年(二〇〇五年)一〇月二八日)。

老舗航空会社といえども、激しい競争の連続で、事故にこそ及んでいないものの経営的には厳しい事態から脱し切れていないところが多い。一方、規制緩和の効果としては、顧客満足のコンセプトのもとに効率的かつ品質追求型の経営を展開し、安全面でも好成績を収めているサウスウェスト航空のような会社もある。

規制緩和下の低コスト戦略でサウスウェスト航空が成功を収めている理由としては、同社のケレハー会長の「従業員第一主義が真の顧客主義」という驚愕《きょうがく》のリーダーシップが現場の隅々にまで浸透し、顧客志向の企業文化がコスト削減などの効率性の発揮を問題なく実現し、高い安全レベルを維持しているために、規制緩和後の激しい競争場裡下にあっても同社は消費者の信頼をかちえて健全に発展しているのである。

その生い立ちから見て自動車や航空機は規制緩和による自由競争が前提の輸送機関である。輸送事業にとっての実際の規制緩和の進め方は、①輸送の上部構造である車両、運転業務と下部構造のインフラ施設などを分離することにより、②参入退出の自由（オープンアクセス）を促進することである。

自動車事業はバスやトラックを保有して、高速道路や一般道を使用して輸送事業を行ない、航空機事業は航空機を保有して、国や自治体が建設した飛行場や航空管制を利用して営業を行っている。したがって、自動車輸送事業や航空輸送事業はすでに「公設民営型の上下分離」（下部構造は国や自治体が整備し、上部構造を民間が使用し営業する）ができており、規制緩和といえばオープンアクセスの問題であると考えてよい。

それゆえ安全問題の基本は、自由競争を認めた上で、事業者の安全対策と国による混雑飛行場の発着制限、許可、あるいはタクシーが著しく供給過剰の場合の緊急調整地域の指定など、安全上の規制措置を事前に設定していくが、最終的には、利用者には「安全な輸送機関は消費者に選んで頂くしかない」という「消費者の安全論」に帰着する。規制緩和により、多数の企業の競争条件の中から、消費者利用者が高品質サービスや安全性を選択し顧客満足を実現するという考え方である。

ところが鉄道事業の規制緩和は、上部構造の列車営業と下部構造の線路維持などの上下分離の適否の問題と自由に乗り入れるというオープンアクセスの可否の問題の両面を新たに検討しなければならない。従って日本の鉄道事業にあって、この「規制緩和と安全」という場合は、これまで上下分離やオープンアクセスの経験がほとんどないので、安全確保の問題については、諸外国の状況なども参考にして、特に新幹線鉄道のように高速運転にかかわるものは慎重に検討する必要がある。鉄道の場合、規制緩和の理念や進め方によって、英国国鉄の民営化と急激なオープンアクセス政策の失敗のように、安全性の維持・確保が大きく損なわれることがあるからである。

鉄道営業法から運輸安全一括法へ

桜木町電車火災事故が発端の「鉄道安全綱領」

もともと国鉄、民鉄を問わず鉄道会社の安全管理に関わる法令の根拠は、明治三三年（一九〇〇年）に制定された「鉄道営業法」のたった一箇条の条文に拠る。それは鉄道営業法第1条「鉄道ノ建設、車輌器具ノ構造及運転ハ国土交通省令ヲ以テ定ムル規定ニ依ルヘシ」であった。この条文にもとづいて「鉄道運転規則」、「鉄道に関する技術上の基準を定める省令」などが定められた。

運転保安に関するするこの古い法体系が全面的に書き改められるのは、平成一七年のJR西日本の福知山線事故、日本航空の重大インシデントの続発などが契機となっている。平成一八年（二〇〇六年）の鉄道事業法等の大幅改正による「運輸安全一括法」の制定であり、それに基づく「安全マネジメント評価制度」の登場である。

その間にあって、昭和二六年の桜木町電車火災事故を契機に、占領軍の民間運輸局（Civil Transportation Section）から国鉄総裁あての勧告によって、「安全綱領」と「職別運転取扱心得」が定められており、法制上も「運転の安全の確保に関する省令」（昭和二六年七月二日）

が発せられ、明治以来の精緻を極めた英国鉄道流の法制（鉄道寮汽車運輸規定・明治六年・一八七三年）から、米国鉄道の企業精神を大切にし簡にして要を得た運転規定に方向転換したのである。

実は、GHQ民間運輸局のミラー大佐からの前述の「勧告文」は、当時の国鉄の安全対策に強い不信感を表していた。その怒りの激しさが分かる文言が伊多波氏の『無事故への提言』にあるので引用する。

「重大事故が起こるまでは、危険な状態を放置し、事故が起こると初めてそれにつき罰を加え、かつ訂正手段をとることを認めている旧制度がこれ以上存続することは、もはや我々の許容しえぬところである。我々は即刻解決しなければならない問題を持っているのである。即ち、断固たる手段により、かつ不必要なごまかしをせずに、この問題を解決しなければならない。しかれざれば、同じような事故は続いて起こり、かつ同じように人命が失われるであろう。」

まさにミラー大佐の勧告文は激越を極めている。とくに、「断固たる手段により、不必要なごまかしをせずにこの問題を解決しなければならない。しかれざれば、同じような事故は続いて起こり、かつ同じように人命が失われるであろう」というくだりは、後で述べる二〇〇三年八月のアメリカ航空宇宙局（NASA）のスペースシャトル・コロンビア号事故調査委員会の、「この事故の背景にはNASAの組織文化の問題がある。NASAの組織文化を変えない限り、このような事故は再び起こる」（澤岡昭著『衝撃のスペースシャトル事故調査報告』中央労働災害防止協会）という文言と実によく似ている。今から半世紀も前の事故に対する勧告文にしては、国鉄の組織上の欠陥を突いた的確な勧告であった。

昭和二六年の桜木町電車火災事故を契機に制定された国鉄の五項目の安全綱領については後述の通りだが、その前に当時の運輸省は「運転の安全の確保に関する省令」（昭和二六年七月二日）を定め、その第二条に国鉄安全綱領の基となる綱領三項目を制定した。

① 安全の確保は、輸送の生命である。
② 規定の遵守は、安全の基礎である。
③ 執務の厳正は、安全の要件である。

省令第二条の安全綱領や一般準則の基は、米国鉄道の運転規定（昭和二二年六月・運輸省鉄道渉外事務局）に、「General Notice, General Rules としてあったが、参考までに米国鉄道の「一般訓」（General Notice）を柴内禎三氏の『鉄道保安概論』から引用する。省令二条の綱領は「一般訓」が参考となっていると思われるが、さすがに当時の日本とは違い米国民営鉄道会社の企業精神が四、五項目あたりに見られる。

一　般　訓

一　安全は職務遂行上まず第一に最も重要なことである

二　規程の遵守は安全にたいしての不可欠なことである
三　職務に就き又は職に留まることは規程遵守の意欲の具現である
四　職務は誠實、聰明、鄭重なる義務の遂行を要求する
五　昇進するにはより大なる責任にたいしての能力が示されなければならない

米國鐵道協會運轉規程

前掲の三項目の省令綱領を受けて、かつての国鉄や現在のＪＲなどが定めている五項目からなる安全綱領が制定された。これが見事に国が定めている安全管理に関するものに加えて、企業の心構えとしての安全文化に関するものを追加して内容の充実を図ったものとなっているので注記してみた。

国鉄安全綱領

①　安全は、輸送業務の最大の使命である。（安全管理・安全文化）
②　安全の確保は、規定の遵守及び執務の厳正から始まり、不断の修練によって築きあげられる。（安全管理）
③　確認の励行と連絡の徹底は、安全の確保に最も大切である。（安全管理）
④　安全の確保のためには、職責を超えて一致協力しなければならない。（安全文化）

⑤ 疑わしいときは、手落ちなく考えて、
最も安全と認められる道をとらなければならない。

（安全文化）
日本国有鉄道

安全綱領の中で③の「確認の励行と連絡の徹底は安全の確保に最も大切である」は、最重要項目で「安全管理」はこれに尽きるとみていい。④「職責を超えて一致協力をしなければならない」は、リーダーのもとでのチームワークの必要性を説いている。⑤の「疑わしいときは、手落ちなく考えて、最も安全な道をとらなければならない」は、昭和二六年の桜木町電車火災事故で、事故直後の林国鉄保安課長が最も力をいれた、「勇敢に列車を止めるんだ！という基本理念」であったはずである。しかし昭和三七年の三河島事故でも生かされず、三河島事故後、安全確保のためには「躊躇《ちゅうちょ》なく列車を止め安全を守ること！」という趣旨の解釈がなされた迫力不足の問題項目である。

そうはいってもこの安全綱領を、現場の鉄道職員は在職中一万回近くは唱和するのだが、安全綱領の中で車の両輪とも言える「安全管理」と「安全文化」を分かりやすく説き、安全の体系を構成していたのである。

ところが平成一七年（二〇〇五年）四月二五日、事態は大きく揺らいでしまった。ＪＲ本州三社の中では最も経営資源に恵まれていない中で、改革の意識が高く経営改善の成果を挙げていたJR西日本で、信じられないような重大事故が発生した。福知山線の朝の通勤電車が脱線転覆してマンションに激突し、犠牲者の数から見ても、英国鉄民営化後のハットフィールド事故を遥かに上回る衝撃の事故が発生した。

同じ頃、ナショナルフラッグとして日本の航空をリードしてきた日本航空が深刻な経営危機に陥るとともに、この時期に危険なインシデントを続発したことなどが重なった。

国土交通省としては、自ら所管し順調に進んでいると思っていたJR改革と日本を代表する航空会社の安全管理態勢に深刻な欠陥を感知し、「安全対策の断固たる重大決意」をした。

早速、省内に「ヒューマンエラー事故の防止」を検討する「運輸安全マネジメント態勢構築にかかるガイドライン等検討会」（委員長杉山武彦一橋大学長）を立ち上げ、「断固たる事故の予防」に向けて、鉄道、航空、船舶、自動車の四分野を対象とした「運輸の安全性の向上のための鉄道事業法等の一部を改正する法律」（運輸安全一括法・平成一八年三月三一日交付）を制定した。国土交通省に運輸安全政策審議官を置き、全国の陸海空の約五〇〇〇社に対して、個別事業者の「安全マネジメント評価」を実施しようとした。

これは従来の監督行政からは一歩も二歩も踏み込んだ「事故予防のための指導行政」としての「安全マネジメント評価態勢」を敷いたのである。各事業法を改正して定めた安全確保の考え方は「運輸事業者において経営トップから現場まで一丸となった安全管理態勢を構築し、その安全管理態勢の実施状況を国が確認する仕組みを導入する」ことであった。品質管理論で言う「デミングサイクル」と呼ばれる「P・プラン（設計）―D・ドウー（製造）―S・スタディー（調査）―A・アクト（再設計）という工程管理主義的な「品質管理手法」を安全管理策に導入したものといえる。

国土交通省が陸、海、空を合わせた約五一〇〇社に及ぶ「運輸安全マネジメント評価」の実施を打ち出したことは、「事故の未然防止」の目的で、事業経営者自身に安全性創造努力を促すものであり、画期的な安全対策であった。その主な内容は次の通りである、

・運輸事業者における輸送の安全を確保するための取り組みを強化するために安全管理規定の作成・届出の義務付け

・安全統括責任者の選任・届出の義務付け

・輸送の安全に係わる情報の公表の義務付け

なお、国は不適任な安全統括責任者の解任権を持つこととしている。

一方、事故調査を行ってきた航空鉄道事故調査委員会の強化はそれより少し遅れたが、平成二〇年春の法律改正で海難審判庁の統合と併せて航空、鉄道、海運の重要事故が調査対象となった。これにより平成二〇年一〇月より「運輸安全委員会」として発足し、陸、海、空の各輸送機関の本格的な事故調査が可能になり、アメリカの国家運輸安全委員会（ＮＴＳＢ）には及ば

ないものの、国際的にも十分評価できる体制が整備されることとなった。

なお航空鉄道事故調査委員会は、一九七一年七月三〇日の全日空機と自衛隊機の衝突した雫石事故を教訓に、航空事故調査委員会として一九七四年一月一一日に旧運輸省に設置された。その後二〇〇〇年三月八日営団地下鉄日比谷線脱線衝突事故を契機に「鉄道」も加わり、航空・鉄道事故調査委員会に改組された。

各事業法を改正した安全確保法を手がけられた当時の国土交通審議官（後、次官を歴任）安富正文氏は、平成一八年一月二七日、日本交通協会の講演で安全確保の「指導行政の中身」を次のように挙げて述べている。

「安全を考える際に、現場だけでいいのかという問題意識に基づき、（行政庁にも）『安全マネジメントの体制』をちゃんと作ろうということにしました。特にこれまで、旧運輸省の運輸関係の事業については、需給調整規制を撤廃し、参入規制を緩和してまいりました。その結果当然のことながら、各事業者の競争が非常に激しくなり、どうしても効率性を重視せざるをえなくなるというような循環になってくると言われています。『安全規制』については、従来の事業法規制の中で、保安監査や立ち入り検査をやっているわけですが、それで済むかどうかということです。基本的には、従来の立ち入り検査、保安監査により、現場がいろいろな省令などの基準に合っているかどうかをチェックするだけでなくて、その会社が安全管理規定に基づき、経営トップから現場まで安全についてどういう取り組みをしているかということを（事前）チェックしていこうということであります。」

規制緩和と安全性確保の問題は、国土交通省としては本来規制緩和と安全性はそれぞれ別のことであり、直接の関係はないという立場だと思うが、安富氏が述べているように必要な「安全規制」は欠かせないのである。

規制緩和は安全性の確保を直接損なうものではないとしても、競争激化等により結果として安全性が大きく損なわれる恐れが出ていることは周知の事実である。従って、規制緩和の結果「悪貨が良貨を駆逐する」とか「安全性崩壊が国民の生命を脅かす」ことにならないために、安全、環境面あるいは消費者保護などから適切かつ有効な規制措置は必要なのだ。

このことは、同じ国土交通省の中で建築物の耐震偽装事件に対処するため、平成一九年四月の構造計算適合性判定員による厳しい点検制度を導入した建築基準法の改正強化によって、建築確認申請件数が大幅に細り、正規の点検に耐えうる正当な申請は思いのほか少なかった事実によっても実証されているように、安全性確保のために「有効適切な規制」は必要だったのである。

安全論から見た日英国鉄の規制緩和実行の明暗

規制緩和策からはずした日本の新幹線鉄道

昭和六二年（一九八七年）の国鉄改革は、国鉄を分割民営化するために債務整理による財政再建、労組・人員の大幅整理、国有鉄道資産の分割譲渡を行った企業再編成であるが、これは昭和二六年（一九五一年）の電力九分割と同じものではない。

国鉄改革は昭和五八年（一九八三年）、総理府に国鉄再建管理委員会（委員長亀井正夫氏）を置き、まる二年の検討・審議を行い、これを国の総力を挙げて遂行したものであり、時の為政者、財務当局、運輸当局、改革推進者など各方面のいろいろな思惑が練り込まれていた。それはあたかも「手の込んだ陶芸焼き物」のようなところがあり、焼き上がらないと全体像は分からないところがあった。

その一つが、我々にはふたを開けるまで分からなかった「鉄道事業の上下分離」の考え方が導入された規制緩和策である。そのことは、国鉄改革の方針あるいは鉄道事業法に、鉄道貨物輸送事業については「第二種鉄道事業」として、第一種鉄道事業者の旅客鉄道の線路を利用して営業を行う「上下分離方式」がとられていたことで明らかになった。

それ以外にも、新幹線旅客営業について、東海道、山陽、東北、上越の四新幹線の下部構造の用地及び地上設備を「新幹線保有機構」に保有させ、車両など上部構造物はJR本州三社の資産とし、本州三社はリース料を支払い新幹線営業を行ういわゆる「新幹線リース方式」が採用されたが、これが上下分離方式に近い制度のスタートだった。

ところが、国鉄改革のリーダーであったJR東海の葛西敬之氏は、当初からこの新幹線リース方式あるいは「新幹線保有機構」の設置そのものを国鉄改革の「制度的欠陥」ととらえていたようだ。葛西氏は平成一九年発刊の著書『国鉄改革の真実』（中央公論新社）の中で、「国鉄再建管理委員会の審議も終盤になってから、やや唐突に議論の俎上に載せられ、強引に提案に盛り込まれた新幹線保有機構の仕組みは、新幹線鉄道網を高速道路と同じように上下分離し、下部構造物は高速道路網と同じように国の建設管理システムのもとに置きたいという運輸官僚の永年の夢を実現させるものだった」と新幹線保有機構の設置には、頭から反対であったことを明らかにしている。

さらに、新幹線鉄道の特性からして、「鉄道輸送においては、線路・信号・駅・車両基地・保守基地など下部構造と車両など上部構造は技術的に一体化されたシステムであり、上下を一体として一社により保有され、専用的に運行されたときに、最も安全で効率的に機能する」と明言している。結局、「JR東海は新幹線保有機構そのものの解体を強力に推進し、（分割民営化後）四年を経た一九九一年（平成三年）一〇月一日にそれを解体させることに成功した。」（中略）「ＪＲ本州三社を上場するためには、各社の債務・資産が確定していなければならない。新幹線保有機構がある限り、上場基準を充たせないという東京証券取引所の判定で、これを解体する必要も生じた。」（中略）

葛西氏は「あのときの即決がなければＪＲ東海の今日はなかったし、他のＪＲ二社も同様である」と述懐している。

葛西氏の決断もあり、新幹線保有機構は解体され、ＪＲ三社は新幹線資産を買い取ることによって長期債務が更に9兆円余増えた。しかしバブル崩壊後のデフレ経済の深刻化によって、市場金利が大幅に低落し、超低金利が二〇年以上続くことにより、支払い金利も低減し、増加債務のかなりの部分が帳消しとなり、本州三社は順調に債務償還を進め、新幹線の上下分離構想を回避して、自前の新幹線営業を拡充していくこととなった。（このことが、その後の「上下一体」が不可欠の「中央リニア新幹線」の自前建設計画にも発展することとなったのではないかと思われる。）

結局、規制緩和としての上下分離の考え方やオープンアクセスの問題は、国鉄改革としてはＪＲ貨物として存在するだけの形で最終的に決着することとなった。

その結果長野新幹線や九州新幹線などの整備新幹線は第一種鉄道のＪＲ東日本やＪＲ九州

が、国である鉄道運輸施設整備機構の線路を一定の条件で使用して、第二種鉄道事業を行っているように見えるが、同機構は下部施設を所有はしているものの鉄道事業者に全面的に貸し付けており、整備新幹線はJR各社による第一種鉄道として営業されている。

結果的に二〇兆円を超える債務が国民負担として残ったが、基本的には上下一体構造の民営分割を行い、営業、保守業務などは入札売却を行わず、国鉄の人的能力、営業、技術、資産などをそのまま継承させ、かつ関係者の努力と超低金利の継続という経済条件にも恵まれ、国鉄改革後の事業成績は当時の計画を上回る成果をあげた。

従ってJR本州三社と国の継続的支援なしでは存立できない北海道、四国、九州の旅客会社及び貨物会社の二局構造の問題は積み残され、平成一七年のJR西日本の福知山線の事故もあったものの日本の国鉄改革は、概ねにおいて成功した。

まとめてみるとその理由としては、一．高速鉄道部門などが上下一体構造を基本とした民営分割であったことと（在来線の貨物輸送の上下分離はあったが）、二．優良な人的、充実した物的資産をそのまま引き継いだこと、三．さらには正確な列車ダイヤ、鉄道営業、技術、教育などに対する健全な鉄道の企業文化のようなものが損なわれなかった、ことではないだろうか。

元国鉄出身の鉄道研究家の菅建彦氏は『運輸と経済』（第66巻第11号）で「（世界にも稀

有な旅客市場に恵まれていることの他に）日本の国鉄改革を支えたもう一つの要因は、膨大な利子負担をかえりみず旧国鉄が設備投資を続けたお陰で、国際水準からみれば良好な線路設備や車両を新生ＪＲが引き継いだことにある。国鉄の設備投資のなかに不要乃至過剰なものも確かにあった。しかし、一九八七年以後ＪＲ各社が設備投資を最小限に抑えて経営を続けられたということは、国鉄投資の大半が鉄道にとって有用なものだったことを反面から物語っている。１８００ｋｍに及ぶ新幹線や増強された大都市線がなければ、日本の鉄道民営化は不可能だったであろう。日本と正反対の例がイギリスで、国鉄が残した長期債務は少なかったが、民営化後の鉄道が引き継いだものは危険なまでに老朽化した設備であった。長期債務の有無と設備車両の良否はしばしば裏腹の関係にあり、鉄道の健全度を財務諸表だけで判断することはできない」と、日本の国鉄改革と英国のそれとの明らかな差を指摘している。

やりすぎた？英国の鉄道規制改革

それではイギリスの国鉄改革はどのように行われたのだろうか。イギリスの国鉄改革の経過概要は「イギリス旅客鉄道における規制と効率性」（柳川隆氏、播磨谷浩三氏、吉野一郎氏『神戸大学経済学研究』54）によると次のような流れである。

「イギリスでは、一九九三年の鉄道法（Railways Act）をうけて、一九九四年から鉄道民営

図5　イギリスの鉄道

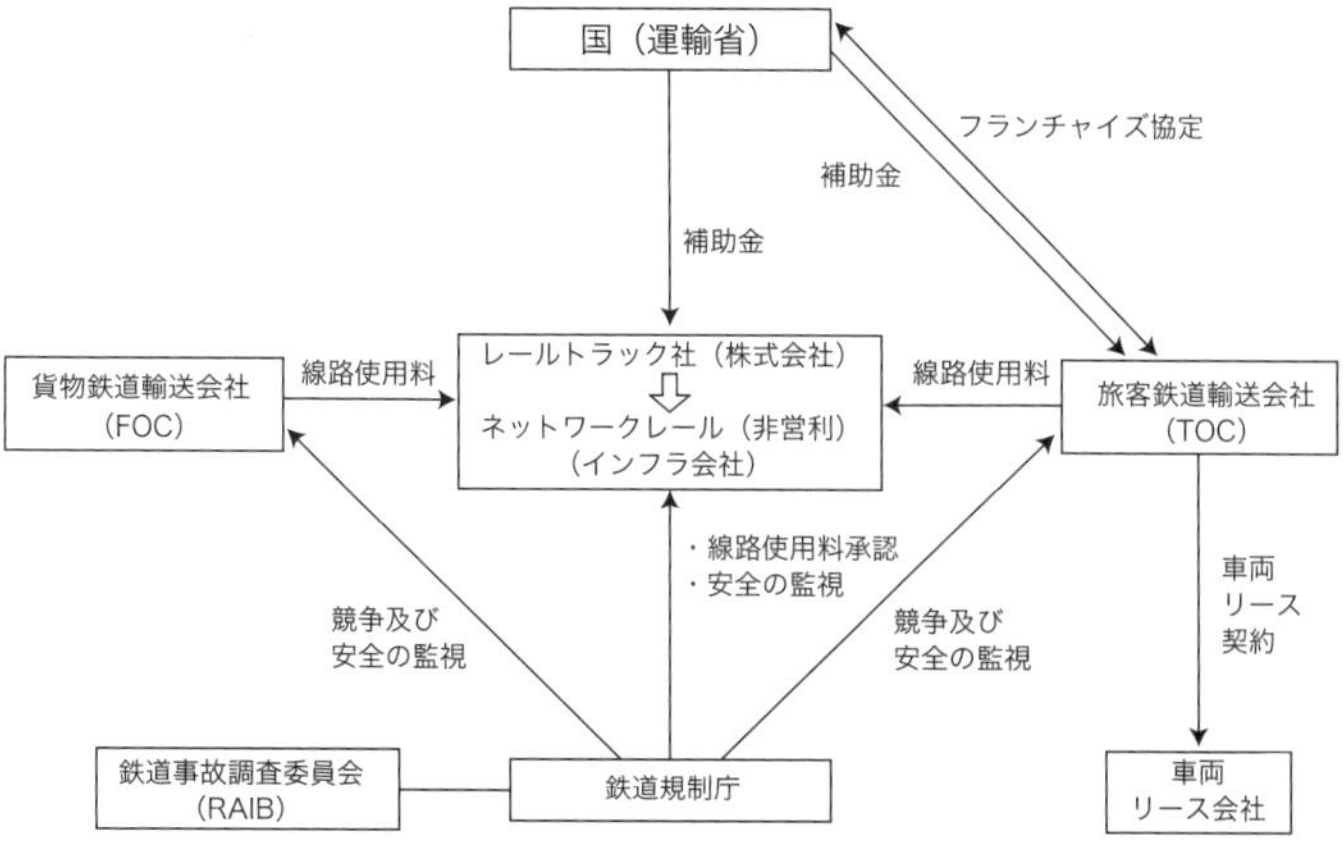

資料　小役丸幸子氏『運輸と経済』67巻7号より

化の改革が行われた。民営化の大きな特徴は鉄道インフラと鉄道輸送を分ける上下分離を採用したことである。民営化当時、線路、橋梁、信号、駅舎等の鉄道インフラは国鉄であるブリティッシュ・レールからレールトラック社に移管された。その後、レールトラック社は一九九六年に上場し、政府株式が売却されて完全民営化された。実際に旅客輸送を担う旅客鉄道会社（Train Operating Companies, TOC）は地域や路線ごとに二五に分離され、一九九七年までに全て入札により民営化された。旅客鉄道会社のフランチャイズ入札は、独立機関であるフランチャイズ庁（Office of Passenger Rail Franchising, OPRAF）が行い、入札はどれだけの補助金で運営できるかを競うものであった。（中略）二五の旅客鉄道会社はレールトラック社からインフラを借用し、車両会社からリース契約で車両を借用した。一方、貨物輸送はオープンアクセス制による自由競争に委ねられることとなった。規制機関としての鉄道規制庁は旅客鉄道会社にライセンスを付与すると共に、レールトラック社と旅客鉄道会社との（線路使用料などの）アクセス契約を承認した。また、安全に関する規制は保健安全委員会（Health and Safety Executive, HSE）が行った。しかし、レールトラック社は従来からの投資不足に加えて保守の外部委託の際の監督の不十分さも加わって、二〇〇〇年のハットフィールドに代表される事故が起こったために、その補償金がかさんで二〇〇一年に倒産し、二〇〇二年にそれに代わって非営利組織（Company Limited by Guarantee）であるネットワークレール社（Network Rail）がレールトラック社を買収して資産を引き継ぐこととなった。ネットワークレール社は線路の保守作業を外注せず自前で行うようになった」。（図5参照）

鉄道発祥の地である英国鉄道の隆盛は一八五〇年頃から第二次大戦までのヴィクトリア王朝後期をはさむ時期で、大鉄道時代として英国近代化の重責を果たしたが、経営形態はずっと民営であって、国有化されたのは思いのほか遅く、日本が日露戦争後の一九〇六年であったのに対し、一九四八年で第二次大戦後である。このことは他のヨーロッパの鉄道が軍事的要請もあり、国が早くから関与し国家の鉄道として発達してきた歴史とも少し異なる。

この英国国鉄も営業は自動車輸送にとってかわられ、客貨の運賃（価格決定権）は政府に押さえられ、設備投資は蒸気機関車の取り替えすらままならず、労働争議も頻発し、近代化計画は不成功に終わり、ついに保守党メージャー政権の下で、一九九三年に分割民営化を実施した。

しかし、英国国鉄の分割民営は、それまで統一組織であった国鉄を、線路設備などを所有するレールトラック社（全国一社）、レールトラック社から業務を請け負う軌道の保守・更新請負会社（一三社）、車両リース会社（三社）、旅客会社（フランチャイズ制の地域会社二五社）、貨物会社（全国一社）に細かく分け、入札の上で民間に売却した。

このことの問題は、
一．線路設備などインフラ（下）と列車運行（上）を上下分離するとともに誰でも鉄道業に参入できるというオープンアクセスを一挙にやった。

二．インフラ会社であるレールトラック社は利益を上げ、労務問題を避けるために、線路や信号設備などを所有するものの、大切な保守更新は業務請負に出した。

という二点に絞られる。

案の定、民営化後に次のような事故が起きている（醍醐昌英氏「英国鉄道における列車事故と事業再編の示唆」（『交通学研究』：研究年報　二〇〇六年、五〇号）。
・「サウソール事故」一九九七年九月一九日の民営化後初の重大事故、グレートウェスタン社（GWT）が運行する特急列車HST（High Speed Train）とEWS（English, Wales

and Scottish）社が運行する貨物列車の列車衝突事故（死者七人、負傷者一三九人）、原因は特急列車（HST）の運転士の信号見落としと自動列車警報装置の不備で、これはレールトラック社と特急列車運転士の両方に問題が指摘された。

・「ラドブローグ・グローブ事故」一九九九年一〇月五日、ファースト・グレート・ウェスタン社（FGW）の特急列車HSTとテムズ・トレイン社のヂーゼル列車との列車正面衝突事故で死者三一人、負傷者五三三人。主原因はヂーゼル列車の信号冒進で、追加電化設備の信号機の視認性の問題もあった。

・「ハットフィールド事故」二〇〇〇年一〇月一七日の東海岸本線のハットフィールドで発生した衝撃的な脱線事故で「レールが三〇〇以上の破片に粉砕される」という前代未聞のレールトラック社の致命的な責任事故であるが、これについては後述する。

・「ポターズ・バー事故」二〇〇二年五月一〇日WAGN社の普通列車がポターズ・バー駅の一五〇メートル南方のポイントで脱線、七人死亡、七六人が負傷。原因は保守受託していたジャービス（Jarvis）社のポイント部分の線路保守不良。

英国国鉄の民営分割後、このような事故が続発するが、やはり英国国鉄民営化失敗を決定づけたのは二〇〇〇年のハットフィールド事故である。

イギリスのノンフィクション作家クリスチャン・ウルマー著『折れたレール（Broken

Rails)』（ウェッジ）は、文字どおり「線路が300の破片に砕け散った」ハットフィールドの事故をもって「英国国鉄民営化失敗の縮図」といっているが、それは一体どんな事故だったのだろうか。

同著によると、ハットフィールド鉄道事故は、二〇〇〇年一〇月一七日、東海岸本線（East Coast Main Line）で、グレート・ノース・イースタン社（GNER）のキングスクロス一二時一〇分発リーズ行きインターシティー225列車が、ハットフィールド駅南方で、一二時二三分脱線、脱線車両が支柱に激突し、食堂車にいた乗客四人が死亡、七〇人が負傷したのである。

事故の原因は、損傷したレールにあり、それがなんと三〇〇の小片に砕け散ったことが明らかにされた。二つの区間で、奇妙なことにほぼ無傷な四四メートルの区間をはさんで、軌道の約九〇メートルが完全に崩壊していたのだ。既に一九九九年一一月に線路のひび割れは発見されていたが、線路交換は行われずに放置されていたという。当該線路の許容速度は時速一一五マイル（一八四キロメートル）のところを一一七マイル（一八七キロメートル）で走行していたというから、高速運転ではあっても、わずかな制限速度超過であった。

その軌道は二四日間閉鎖された。これは全鉄道網に対して「レールの状態をめぐるパニック」を引き起こした大混乱は、英国の鉄道がそれまでに経験した中でも最悪の事態だった。事故後、当然のことながら、他区間の列車速度の抑制の必要が生じ、その結果線路使用協定による高速列車運行が不可能となり、レールトラック社が列車運行会社に遅延補償を行うこととなり、そのためレールトラック社は倒産し、英国国鉄の分割民営化が失敗であったことを決定付けることとなった。

日本にしろ英国にしろ、国鉄は二十万人を超える職員を抱え、膨大かつ精緻なインフラ資産を常に正常に管理し、高速運転を安全正確に実行するという「人体の生命管理」にも似た一体的有機的な「運行機能」が求められる。それを英国は上下にインフラと列車運行を分離した上にオープンアクセスにしたことで、営業を自由市場に切り売りしてしまい、まるで「ヴェニスの商人」のように鉄道をバラバラにしたのである。一言で言えば国も国民も国鉄に愛情が稀薄だったようだ。

さすがに問題となったレールトラック社については、二〇〇二年に非営利組織であるネットワークレール社に移行し、線路の保守作業も自前で行うこととし、改善の方向にあると伝えられていた。しかし、組織の安全体制は一旦組織機能の低落を招くとなかなか回復は困難であり、新しく自前保守に踏み切ったネットワークレール社の保守体制、安全体制も未だ十分なものとは言えず、問題視せざるをえない現状である。

運輸調査局主任研究委員の子役丸幸子氏の「イギリスにおける列車脱線事故と保守における問題」（『運輸と経済』二〇〇七年七月号）によると、「ネットワークレール社は、二〇〇一年に経営破綻したレールトラック社のあとを受けて二〇〇二年一〇月から業務を開始し、それまで下請け業者に外注し、任せきりであった鉄道インフラ保守業務を自前で行うこととし、これにより保守要員を一八〇〇〇人を抱えることとなった。このことは以前のレールトラック社の丸投げ外注保守から前進したということで、旅客鉄道輸送会社などからはそれなりの評価は得たようであるが、保守作業の人件費コストを節約するためか受刑者を夜間作業に当たらせるなど、その内容には問題があったようで、二〇〇六年には五三〇〇億円（1ポンド232円）もの営業利益を上げる反面、二〇〇七年二月二三日に西海岸本線グレイリッグでポイント（転轍機）の保守管理の不備が原因で、振り子型電車が時速一五二km以下の速度で脱線し、一人死亡、二二人負傷の事故を起こした」という。

イギリスの上下分離型の民営化は、いわば一つの「統一システム」をなしていた国鉄を「利益単位組織」として刻み、入札で売却するやり方をとったそのために、「輸送システムの品質管理」が困難になり、少し手直ししても、もはや安全性創造の「一体的な企業文化」は取り戻しようもなく、単一の意思の下での「安全文化」を蘇らせることができなくなったようである。

第5章

消費者の安全と品質理念

デミング博士の品質管理論とは

「消費者の安全論」の基本は商品やサービスの高品質の要請ないし選択である。「事業者の安全論」の発展型は品質理念の下に顧客、消費者のために欠陥のない商品やサービスを提供することによって、「事故未然防止の安全」を実現することである。この章では日本における品質管理論の生い立ちについて述べていく。

日本の品質管理論の源流は昭和二五年（一九五〇年）のW・エドワーズ・デミング博士の来日に遡る。米国でリーダーシップ論を展開したP・スコルテス氏の『リーダーのハンドブック』（Leaders Handbook McGraw-Hill）によれば、第二次大戦敗戦後、連合国最高司令官のマッカーサー元帥が占領下の日本統治のために、信頼性の高いラジオを大量に欲しがったことからデミング博士が来日したのだという。当時の日本は良質のラジオを製造する技術がなく、アメリカから学ぶしかなった。そこでGHQ（連合国最高司令部）の指示で、経団連初代会長の石川一郎氏によって昭和二一年（一九四六年）に設立された日本科学技術連盟（JUSE）が昭和二五年（一九五〇年）に他の電子工学の技術者とともにデミング博士を招聘《しょうへい》したのである。

デミング博士の品質論は、第二次大戦後の荒廃した日本の工業界にあって日本的経営の理論と慣行を尊重しながら、統計的品質管理法を中心に説いており、それはまさに干天の慈雨のように日本の工業界に吸収され、品質重視の経営理念となって定着した。

歴史の皮肉といえばそれまでだが、戦勝国アメリカが敗戦国日本に送りこんだデミング博士のお陰で、後にラジオのみならず日本の工業製品が世界一の品質になり、アメリカを経済的に打ち負かすところまで成長していく。当時デミング博士の品質管理論に一部を除いて触れることのなかった我が国の金融、サービス、公共部門、農業などは取り残され、それが今日の停滞につながったといわれている。

吉田耕作氏の『ジョイ・オブ・ワーク』（日経BP社）、『国際競争力の再生』（日科技連出版社）によると、デミング哲学は、「恐れや不安を取り除き、信頼や協調に基づく企業文化を育成することによって、各々の勤労者の能力や創造力を最大限に発展させ、組織全体の目的をより効率的に達成し、組織体に競争力をつけようとする経営の考え方である」としている。

デミング博士の統計的品質管理法とは、「全ての部品や製品に関してばらつきを減らし（統計的に管理）、最初から検査の要らないような部品や製品を作ること」である。

デミング哲学は「デミング一四ポイント」にまとめられている。一四ポイントを私流にまとめると、従来は、生産後の検査を重視してきたが、リーダーシップをもって、人を信頼し、人の能力を引き出し、生産の段階で品質を作りこんでいくべきだという考え方の具体論であり、そのためには、全部門、全従業員をあげて品質管理に参加して行くべきであり、その結果は、誰にも負けない競争力がつき、企業が発展できる、というものである。

デミング博士は「品質向上の必要性」を唱えた。当時の日本の製品が「品質が悪くて、とても売れない」という現実をよく知っていたのである。日本経済が発展するためには、人、組織、製品の「質」（Quality）を良くする必要があるという「哲学」を伝道したのである。確かに「質」を「品質」と訳してしまったところから、製品の品質という狭い意味にとられがちだが、彼の言う品質論は深淵な「経営哲学」であるとともに「普遍性」を持っている。

デミング博士がわれわれ日本人に残した言葉で、最も拳々服膺《けんけんふくよう》すべきは、「日本は全体を、それ自身システムと見るべきだ。日本は信頼と協力によって成り立つべきだ。みんなが品質、信頼、協力につとめ、燎原《りょうげん》の火のように広げていくべきで、日本全体が燃え立ち、みんなの繁栄は間違いない」という言葉だ（P・スコルテス『The Leader's Handbook』）。

デミング哲学から、品質の一部である「安全」という分野についてどう展開できるのかを、武田修三郎氏の『デミングの組織論』（東洋経済新報社）に詳述されている「システム概念」を基に、品質管理論を安全管理論に重ね合わせてみると、次のようになるのではないか。

安全原則１　「安全は生産過程で作り込め」

安全（品質）は生産過程で作り込む（Built In）。事後の（製品）検査ではない。これは、デミング博士の品質論の中心部分をなす考え方であり、従来の生産効率主義のテイラー・システムの生産方式とは異なる。

テイラー・システム：

（設計）→（製造）→（販売）　　三段階方式

これに対するデミング博士の品質論：

（設計：Plan）→（製造：Do）→

（販売・市場調査：Study）→（再設計：Act）　　四段階方式

第四の（再設計）段階を取り入れて、各段階でチェックを行い安全（品質）の精度を上げるというものである。品質を良くするために、設計の段階で適切なチェックを行い、製造の段階でも、各工程ごとにチェックを行い、最後のチェック段階で品質および価格に対する消費者の反応を調べて再設計するシステムである。これを「P（設計）―D（製造）―S（販売・市場調査）―A（再設計）」というデミング・サイクルを回すと言う。

筆者は、かつてNRE（株・日本レストランエンタプライズ）に在籍し、東京都荒川区の弁当製造工場における弁当製造の衛生管理手法として、アメリカ航空宇宙局が宇宙飛行士の携行食を作るに当たって開発したとされる「危害分析重点管理法」（ハサップ・HACCP・Hazard Analysis Critical Control Point）を平成二年（一九九〇年）に導入した。それは、工場内を無菌構造とした上で、それぞれの細かい工程処理や温度管理などを、各工程ごとに時間、温度、濃度などの実績をチェックし数値的に記録することで、作業ミスを防止し、品質（安全）を製品に「作り込む」というやり方なのだが、これなどはまさに右に述べたデミング博士の品質管理法そのものである。

「品質（安全）は生産過程において『作り込む』のであって、後の検査で安全を確保するものでない」という原則は当たり前にも聞こえるが、工場の現場では不良品（事故）は検品で発見するものと思いこんでいた人が多いのではないだろうか。

また経済・経営ライターの三戸祐子氏の「安全の仕組みがなぜ生きないのか」（『土木学会誌』第91巻3号）によると、信頼度〇・九九九の部品工程を一千個直列で繋《つな》いだシステム全体の信頼度は、〇・九九九の一〇〇〇乗＝「〇・三七」にしかならず、これでは「運がよければ動く」程度のシステムであり、不良品の山になる、各部品工程の信頼度を一〇〇％に高めるか、フェールセーフ（故障しても安全側に作動する）の補完システムを導入しないかぎり安全（品質）は守られないという。

品質を生産過程に「作り込む」という「デミング理論」は安全（高品質）達成の大原則なのである。

安全原則2　「事故原因の多くは組織にあり」

事故（不良品）の原因の八五％は「人ではなく組織の欠陥」にあるという。

武田修三郎氏の『デミングの組織論』（東洋経済新報社）には「不良品の原因（事故原因）の八五％は、人ではなく組織の欠陥にある」という記述がある。私はこの「組織の欠陥が潜在的な事故要因となって、事故を誘発している」という意見に強い説得力を感ずる。不良品の原因の八五％の根拠については、デミング博士の講義録などで調べてみたが分からないし、ここで科学的にこの原則の根拠の説明はできない。

前掲P・スコルテス氏は『リーダーのハンドブック』（The Leader's Handbook）で「品質問題の少なくとも九五％は組織要因に起因する。人為エラーは五％以下に過ぎない。ヒューマンエラーは我々の無視できる程度の問題源に過ぎない」、「ほとんどのヒューマンエラーは組織要因だ」と述べている。

たしかに、企業の近代化、複雑化により欠陥や事故の原因が単純な個人のエラーから組織要因に移っている。しかも、これらの事故の潜在的要因は、経営トップから組織全体に広がっており、企業文化、安全文化の問題点として横たわり、作業現場での個人のエラーのみならず「組織のエラー」を誘発しているのである。

武田氏は『デミングの組織論』で「組織を変えることができるのは、組織のメンバー（役人、フォロワー、従業員、学生）ではなく、リーダー（トップ、首長、選良）の役割であり、不良品が出るのは、それまで古い思考や組織の変革をしようとしなかった彼らに原因があると特定した」と述べている。

英国の心理学者で安全論の権威J・リーズン氏は『組織事故』で、「組織」と「潜在的事故原因」、「組織文化」の関係について、次のように述べている。「人体に病原体があるように、『組織』にはその『潜在的原因』は常に存在する」として、例えば「貧弱な設計、監督の不備、検出されなかった製作不良あるいは保守不良、ずさんな手順書、不適切な自動化、訓練不足、使いにくい道具などの潜在的原因が病原体のように長い間存在していて、ある時、局所的な環境と即発的エラーが組み合わさって何層もの防護層に穴を開けてしまうかも知れない」、「潜在的原因は、政府、規制機関、製造業者、設計者と組織管理者による戦略やトップレベルの決定から生じる。これらの決定の影響は組織全体に広がり、特有の『企業文化』をつくり、それぞれの作業場所でエラーを誘発する要因を作り出していく。」

従って、組織的要因が人の単発ミスを誘発しているレベルはいいとして、組織の要因で沢山の防護をかいくぐって起こる多重エラーの連鎖の場合は、めったに起こらないとしても大事故になる可能性があり、組織事故の怖さはここにある。

「強固な良心」が高品質実現の出発点

そもそも安全とは何かということになると、正面からの定義にはなりえないかもしれないが、安全は品質の中心にあり法令により科学技術などを用いて、人の命や財産を守るために良心に基づき人が創造する最優先の「価値」であると考える。

一方安全の反対は「危険」であるが、危険は「危害の程度」と「危害の発生確率」が問題で数値で把握が可能である。例えば千年に一度起こる巨大地震や津波は危険性が絶大であっても発生確率がきわめて低いと事業者のリスク評価は「起こりえない」ないしは「想定外」として扱う場合が多かった。

このことはこれまでの事業者の安全論の限界ともいえるのだが、危害の深刻度や国民生活への重大な影響を深く考えることなく、主として危険性の発生確率でリスクを数値化し安全性の評価をしてきたのである。しかし「真の安全性の追求」は安全というかけがえのない「価値の創造」であり、法令遵守や科学技術の実行の根幹に絶え間なく努力する安全性創造の強固な良心が不可欠のものだと信じている。

したがって製造者や輸送業者などは顧客の求めるより高品質商品、より高品質サービスに応えることによって欠陥や事故を未然に防ぎ顧客満足を達成することになる。安全レベルを向上し事業を発展させていくためにはこの顧客志向の「顧客に貢献する心」が強く育まれなければならない。企業の人、組織が商品、サービスの高品質を求め、高品質をもって「顧客に貢献する旺盛な心」は「利他の心」ともいうべきもので、私はこれを「企業人の強固な良心」と呼んでいる。この「強固な良心」が創造力となって高品質、究極の安全への道の出発点となる。

企業などの組織に良心を持った優れた経営者（リーダー）が得られることによって商品やサービスの安全や高品質が実現し、その結果、顧客満足が達成され、顧客、消費者が信頼し、事業が発展していくのである。

平成一七年（二〇〇五年）一一月の姉歯秀次元一級建築士を初めとする一連の耐震強度偽装事件を受け、国土交通省が平成一三年から同一七年に建築確認された中高層マンションの耐震性調査を行っている。その結果マンションの耐震強度不足の恐れがあるものが約一割認められたという。

平成一九年五月一四日の『読売新聞』「スキャナー」によると、強度不足の原因は、①設計ミス、②構造計算書の改ざん、③施工ミスとされた。同紙によれば、設計、施工のミスをカバーし、建物の安全性を守るためには、「設計者の良心」が何よりも大切だと報じている。調査を担当した日本建築防災協会の岡田恒男理事長（東大名誉教授）は、「鉄筋を一％削っても工事費は〇・一％しか節約できないが、強度は一割落ちることもある。少しでもコストを削減したいデベロッパーなどの要請が強く、構造設計者は基準ギリギリの設計を競ったが、その結果として失われた安全に比べ、見返りは実に少ない。今回の調査でも、強度に余裕のある物件は、ミスがあっても強度不足にはならなかった。強度に余裕を持たせ、『疑わしきは安全側に』という設計者の『良心』に従って設計すれば、簡単に強度不足に陥ることはない」と述べる。安全の確保には、最終的に設計者らの「良心」が不可欠だとしている。

通常「事業者の安全」は法令遵守の安全管理によって、責任を問われるヒューマンエラーを防止することに主眼がある。人や組織の中に少しでも世の中に貢献しようという「強固な良心」がはぐくまれ、この「良心」が品質管理の精神基盤となって、優れたリーダーの指導力が発揮されると、品質管理能力は飛躍的に伸び、商品やサービスから欠陥がなくなっていき、安全性も向上する。

平成二三年の東日本大震災の大津波によって福島の原発の安全システムが崩壊した。原子力安全委員会、原子力安全保安院、東京電力の技術リーダーはこのような大津波を「想定外」とし「起こりえないもの」としてしまった。これは絶え間ない向上と改善による究極の安全を目指す努力を諦めたものと同然で、彼らには事業者の安全責任達成のための科学技術的判断力はあっても、被害者になるかもしれない多くの国民の安全確保に対する専門家としての「強固な良心」さらには「本物の情愛や心」はいかばかりであったかと思われる。

福島原発の建設、運営にあたり安全性の検討の審議会において、有力な地震学者から平安時代に貞観地震の例が示され、「想定外の想定の検討」が提案されたときに、原子力安全委員会や行政や事業者側は原発建設にあたり、「あらゆるリスクの想定はできない」として「どこかで割り切り」線を引いたのであった。

結果は取り返しのつかない大破綻をきたした。優れた科学技術者であれば巨大津波が来たときに、どう給水電力を確保するかという命題の答えはそれほど難しいものではなく、助言を素直に受け入れ、できる範囲で「何らかの良心の安全策」を講じておけば、今日の事態は大きく好転していたに違いない。

私は、この正しい判断を勇気を持って行うことを「良心に基づいて正しく行動するリーダーシップ」といっているが、リーダーの「強固な良心」が重要だと確信している。

リーダーによって創造される豊かな企業文化

「リーダーシップ」とは？（反意語はカオス）

高品質を実現し安全性創造の原動力となる「リーダーシップ（Leadership）」という言葉の適当な日本語訳はないそうである。辞書には「指導力、統率力」などとあるが、リーダーシップの主要要素としての「正直と良心」「人格」を含む深い本来的な意味は日本語では表せないようだ。

藤原直哉氏の説によると、「リーダーシップ」の反対語は、驚くことに「カオス」（Chaos）、すなわち「混沌」だという。したがって、カオス（混沌）とリーダーシップの関係を図に示すと、次の図6のようになる。リーダーシップのない状態は、それぞれにエネルギーはあっても組織には秩序がなく、バラバラで戦略性も方向性もなく、それぞれが勝手に動き回っていて、チームワークがなく当然成果は上がらない。

これに対し、リーダーシップが発揮されると戦略性、方向性が出て組織に秩序が与えられ、生きてくる（システム化）と同時に、部下のエネルギーが何倍にも結集でき、組織の機能が発揮され成果が上がる。これがリーダーシップの原理である。

このリーダーシップは西洋の概念であるが、リーダーシップがない状態を「空《くう》」（オフ・Off）と考え、リーダーシップが発揮されると「色《しき》」（オン・On）になることから、東洋哲学の「色即是空」「空即是色」と同じだと述べている。

リーダーシップの定義は様々である、私は、組織のリーダーシップとは「正しい経営理念のもとに、優れたリーダーが存在し、影響力を発揮することにより、組織（部下）を成功に導き成果をおさめることである」と考えている。大事なことは、次の三点に集約される。

①正しい経営理念（品質）
②優れたリーダーの資質（良心）
③組織（部下）の成功を助ける（利他）

次に企業文化創造の観点からリーダーシップのポイントについて述べてみたい。

まず、リーダーが「正しい経営理念」を持つことが絶対に必要である。広い意味の経営理念を表現すると次の三つになる。

①企業理念（Mission）　会社は何をするか
②企業価値（Value）　　会社の守るべき価値
③将来展望（Vision）　　会社の将来展望

会社などでリーダーの資質として何よりも大事なことは、「社長の人格（良心）」ではないか

図6　リーダーシップの原理

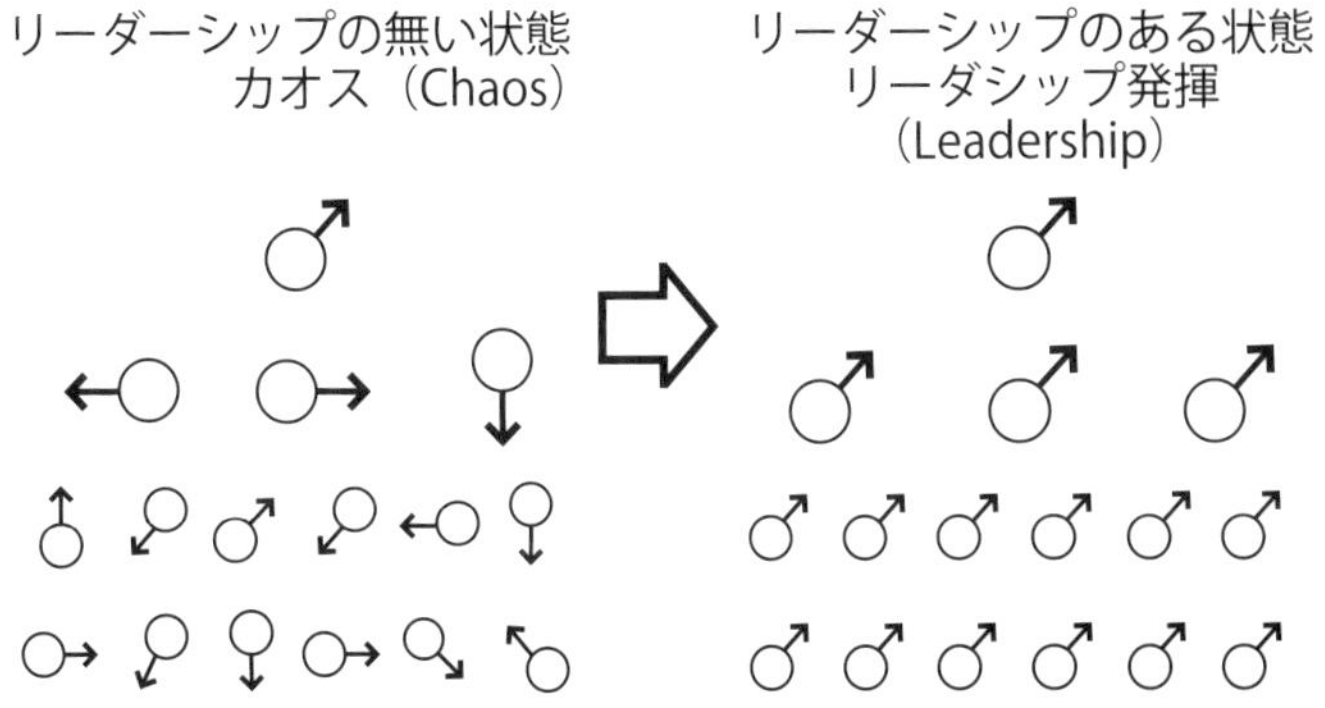

（作成、竹田）

と思う。やはり会社や組織の発展はトップの「人徳」によるところが大きい。

　筆者は企業経営にあたって品質理念が現下の社会情勢では最も必要とされ、従業員も理解してくれることからこれが最も良いと考え実践してきた。

　セーレン（染色業・創業一八八九年）の川田達男社長は「のびのび　いきいき　ぴちぴち」を「経営理念」としている記事を読んで私は感心した（『日本経済新聞』「人間発見」二〇〇五年一一月一一日夕刊）。「のびのび」は「新しい発想や果敢な挑戦などの自主性」、「いきいき」は「問題を解決していく責任感」、「ぴちぴち」は「顧客にどんな貢献ができるかという使命感を表している」という。自社開発の「ビスコテックス」というデジタル染色新システムは、繊維素材になんと一六七七万色を再現できるという。川田氏は「世の中に不可能なことは多くない。できないと思っていたことをできるようにするのが仕事」だと述べている。経営理念で大事なことは、それが「社長の人格の表現」にもなっていることであると思う。

かつて取引関係にあったアメリカのカリフォルニヤ州のオーガニック米生産農家のランドバーグ・ファミリーファームズ（Lundberg Family Farms）の社長G・ランドバーグ氏（G. Lundberg）は自らの会社の経営理念を「正直、高潔」（Honesty & Integrity）と述べていた。同社は現在、オーガニック米生産では全米ナンバーワン企業で、他社が遺伝子組み換え穀物に走る中、土を大切にする自然農業をかたくなに守っていた。当地（北カリフォルニア・リッチヴェール）にくる前にネブラスカ州で農業を営んでいたが、工業化農業で農地の荒廃がすすみダストボール（強風による乾燥土の飛散）と干魃《かんばつ》にあい営農ができなくなった苦い経験があったからだった。

リーダーの資質については、藤原直哉氏と米国ワシントン大学のベッティン教授（Dr. Patrick. J. Bettin）は一三項目にわたって述べている。私は次の五項目に絞ってもいいのではないかと思う。

①正直かつ良心を持ち、何事も首尾一貫していること
②他人の話を聞いて学べること
③視野が広いこと

④へこたれず、続けることができること
⑤喜んでリスクをとることができること

「正直かつ良心を持ち、何事も首尾一貫している」が大切であり、あとはリーダーシップ教育で十分学ぶことができる。その結果優れたリーダーの下では企業価値創造の原動力となる豊かな企業文化が形成され、その組織の目的を成功に導くのである。

企業文化とは企業内の成員が共有する価値観などをいい、トップリーダーの人格や良心などが強く投影されたものである。優れたリーダーのもとで育まれる企業文化は、企業の経営を健全にし、商品やサービスの品質を高め、顧客の信頼を得て競争力を増し、事業を発展へと導く。安全性向上の面でも良心のリーダーシップによって組織に安全性創造力が高まり、確かな安全文化が定着する。

現場にもリーダーシップ

経営トップは当然強いリーダーシップが求められるが、現場にもリーダーシップが必要だ。トップと現場のリーダーシップは演劇などの「監督」と「俳優」のような関係で、両方とも極めて重要だ。

鉄道のような巨大なピラミッド型組織にあっては、トップのリーダーシップがなかなか現場まで浸透しないという欠点がある。現場によって品質が保たれ、安全が確保されるという観点からは、トップのリーダーシップと並んで「現場のリーダーシップ」が必要である。現場のリーダーシップは「良心に従って正しく仕事をする」ことであり、「やる気」、「熟練」、「チームワーク」によって成り立つ。とくに異常事態発生の場合は、幹部や上司の指示を仰ぐ時間などがない。現場の企業文化の発現である自らの判断で乗客の命や財産を救う「やる気」、「熟練」、「勇気」、「行動力」などが絶対に必要である。

アメリカのオバマ大統領の就任式を目前にした二〇〇九年一月一五日午後三時半、ニューヨーク、ラガーディア空港を飛び立ったUSエアウェイズ１５４９便（エアバス３２０）はダブル・バード・ストライク（両エンジンに野鳥が吸い込まれエンジントラブルになること）にあい、上空九〇〇メートルで両エンジンが停止し緊急事態となった。

米空軍出身のチェスリー・サレンバーガー機長（五七歳）は最寄りの空港までの飛行は無理と判断し、ハドソン川に沿って下降、無事に着水停止し、乗客乗員一五六人は全員無事という快挙を成し遂げた。無事着水し、乗客全員が救助される様は全世界に映像で流れた。この機長は「ハドソン川の英雄」となった。

この航空機の無事着水の映像をみていて、はるか前の昭和六〇年（一九八五年）八月一二日の日航１２３便の御巣鷹山事故（乗客乗員五二〇人死亡、四名の乗客が重傷ながら奇跡的に助かる）に関して、日航の元機長の杉江弘氏の『機長の失敗学』（講談社）での次の記述を思い出さずにはいられなかった。「（ＪＡＬ１２３便の）墜落直前まで、どうして機長は副操縦士から操縦を交代しなかったのだろう」「羽田に戻れなかったら海上着水もありえたのではないか」というくだりである。

杉江氏は「コックピットの失敗学」として、「①フラップを降ろさず、②エンジンを全開し、③非対称のスラスト（推進・thrust）操作で、③海上へ機を向けることがベストの操縦法であった」であろうと述べていた。

ハドソン川不時着事故について、日本航空運行安全推進室長の滝浪啓一郎機長は「離陸直後に左右両方のエンジンが推進力を失い、不時着水するのは、パイロットにとって最も怖く、最も難しい対処だ」と語っている（『朝日新聞』二〇〇九年一月一七日）。

日航１２３便の当時のコックピットの実状は筆者には分からない。当時、機長はじめ乗員は最善を尽くされたのであろうが、決して諦めないベストの操縦方法はなかったかという「失敗学」は現場のリーダーにとっては今もって最も重要なテーマである。なぜなら、現場の究極のリーダーシップは「窮地からの生還」にあるからである。

わが国における「鳥衝突、被雷等による損傷」などの航空トラブルは平成二〇年度で六三件もあり、ハドソン川の水上着水も決して他人事ではない。（航空機のバードストライクそのものは日本で年間一〇〇〇件以上発生している。）

リーダーの役割とマネジャーの役割

ところで西洋の概念では、古くから認識されているリーダーの役割と比較的新しい概念に属するマネジャーの役割は大きく違うようだ。ここにリーダーの値打ちがあるとも言えるが、藤原直哉氏によると、簡単に言えば「リーダーとは何が正しいかを示す人」「マネジャーとは決められた物事を正確に行う人」ということになる。

リーダーシップの圧倒的な「影響力」「感化力」は常に「正直と良心」を貫き組織を活性化させることである。従って、この「人格の力」ともいうべきリーダーシップによって、「他人（部下）の成功を助ける」ことで組織の成功が得られることになる。

こうしてみるとリーダーはマネジャーより上位の概念のようだが、経営トップとともに現場のリーダーシップまで重視する私の考え方からすると、両者を分けて役割分担をはかるような実益は全くない。同一人が、あるときはマネジャーとして仕事をし、ある時はリーダーとして部下を奮起させるようになれば良いと思われる。要するに、リーダーにはいかなる場合でも「正直と良心」をもって、正しい目標達成を目指して指揮をとり、みなが成果をおさめるようにすることである。

会社などの組織において、経営者が最も強く感ずることは「人材不足」ということであろう。経営者の嘆きの言葉で最も多いのは、「わが社には人材が不足している」という言葉である。その対応策としては、中途採用、ヘッドハンティング、交流人事などいろいろ考えられるが、やはり「生え抜きの社員をリーダーシップ教育によってリーダーに育成する」ことが最も大切であると共に、これしかないのである。

アメリカではリーダーの育成に力を注ぎ問題を解決してきた。したがって経営者は人材不足を嘆くことはない。

日本では、社員教育や訓練は盛んに行っていても、組織を率いるリーダーの育成という明確な目的を持たず、業務知識をマスターさせるマネジャーの育成に終わってきたように思う。もちろん、早くから品質管理に取り組み組織変革をし競争力をつけてきた先進製造業は、リーダーの育成がはかられ今日の繁栄があるのであろう。そういう企業文化に恵まれなかった金融、サービス業、農業、食品部門あるいは公共部門などは、品質管理、リーダーシップなどの面で、評価される企業は少ないとされる。

リーダーシップ教育とは、秘伝でも何でもなく、正しい経営理念のもとで、正直に、良心をもってやる気をだし、みんなで協力と信頼のもとに高品質を実現しようという経営理念の学習なのである。

第6章

危機を迎えた事業者の安全

ＪＲ西日本福知山線事故の真の原因

ＪＲ西日本は昭和六二年（一九八七年）の国鉄改革を経て鉄道事業の規制緩和政策として鉄道事業法に定める第一種旅客鉄道事業として発足した新生民営鉄道会社である。ＪＲ西日本は本州三社の中では最も経営資源に恵まれていなかったために、分割民営化後の経営は厳しく、その経営努力は凄まじいものがあり、営業増進の実績は極めて顕著であった。この新生ＪＲにおいて国鉄時代にも例を見なかった特異な事故がＪＲ西日本の福知山線で旅客死者一〇六人、負傷者五六二人という多くの犠牲者を伴って起きた。

この事故は平成一七年（二〇〇五年）四月二五日九時一八分五四秒、「制限時速七〇キロメートルで半径三〇四メートルの曲線軌道を、時速一一六キロメートルの高速で走り、運転士のブレーキ使用が遅れたため脱線転覆した」というものである。航空鉄道事故調査委員会の調査報告書によると、直接の事故の原因は「曲線軌道を速度超過した運転士にある」ということになった。

JR西日本は結果的に本件事故を未然に防止できなかったことにより、歴代経営者四人が刑事訴追されるという我が国の鉄道史上はじめての異例の事態に直面した。

伏線であった信楽《しがらき》高原鉄道事故

JR西日本は福知山線の脱線転覆事故の起こるほぼ一四年前に、国鉄の分割民営化後最初に起きた鉄道重大事故を経験している。それは平成三年（一九九一年）五月一四日午前一〇時三五分、滋賀県甲賀郡信楽町の旧国鉄線、いわゆる第三セクターの信楽高原鉄道線内で、JR西日本の乗り入れ列車と信楽高原鉄道（SKR）の列車が単線区間で正面衝突事故を起こした（図7参照）。JR側車両で三〇人、SKR側車両で一二人、併せて四二人の死者と六一四人が重軽傷を負った。

事故の原因は、①上りSKR列車（4両編成）が信楽駅を定刻通り出発しようとしたが、上り出発信号が青にならず、故障と思い信号の点検修理を始めたが、直らないうちに一一分遅れで、代用閉塞手続き（信号現示《げんじ》に代わる単線区間内に他の列車が存在しないことの確認手続き）を十分に行わず赤信号のまま出発させた。②一方、JR草津線から信楽高原鉄道に乗り入れ、貴生川《きぶかわ》駅を定刻より二分遅れで出発した下りJR西日本の列車の乗務員は、本来は途中の小野谷信号場で待避しているはずの上りSKRの列車がいないので不審に感じたが、出発信号機が青だったのでそのまま進行し、同信号場から二・四キロメートル進行した地点で上りSKR列車と正面衝突をした、というものである。

この事故が起きた直後のJR西日本の記者会見は、SKR側が「代用閉塞を行わず、赤信号のまま列車を発車させる」というあまりに初歩的なミスを犯した、「JR側には一切の責任はなく、むしろ被害者」という表明であった。

大津地裁、大阪地裁、高裁での刑事、民事の裁判での主張も、事故原因は信号故障の際にSKRが代用閉塞手続きを踏まずにSKR列車を運行させたことに尽き、青信号で進行したJR西日本運転士にも、その使用者であるJR西日本にも法的責任はない、ということであった。

平成一二年三月二四日、大津地裁の刑事事件としての判決は、SKR側にのみ責任を認め、信楽駅の運転主任は禁固二年六カ月、他二名に禁固二年二カ月～二年で、いずれも執行猶予三年であった。JR西日本の衝突した下り列車の運転士には、刑事責任上の過失はなく無罪であった。

ところがその後、遺族関係者が起こした民事訴訟において、大阪地裁、大阪高裁は、大津地裁の無罪判決を逆転し、JR西日本側の責任も認め損害賠償を命じた。（実は大阪地裁判決は

図7　信楽高原鉄道事故現場図

阿部誠治監修『鉄道事故の再発防止を求めて』日本経済評論社より

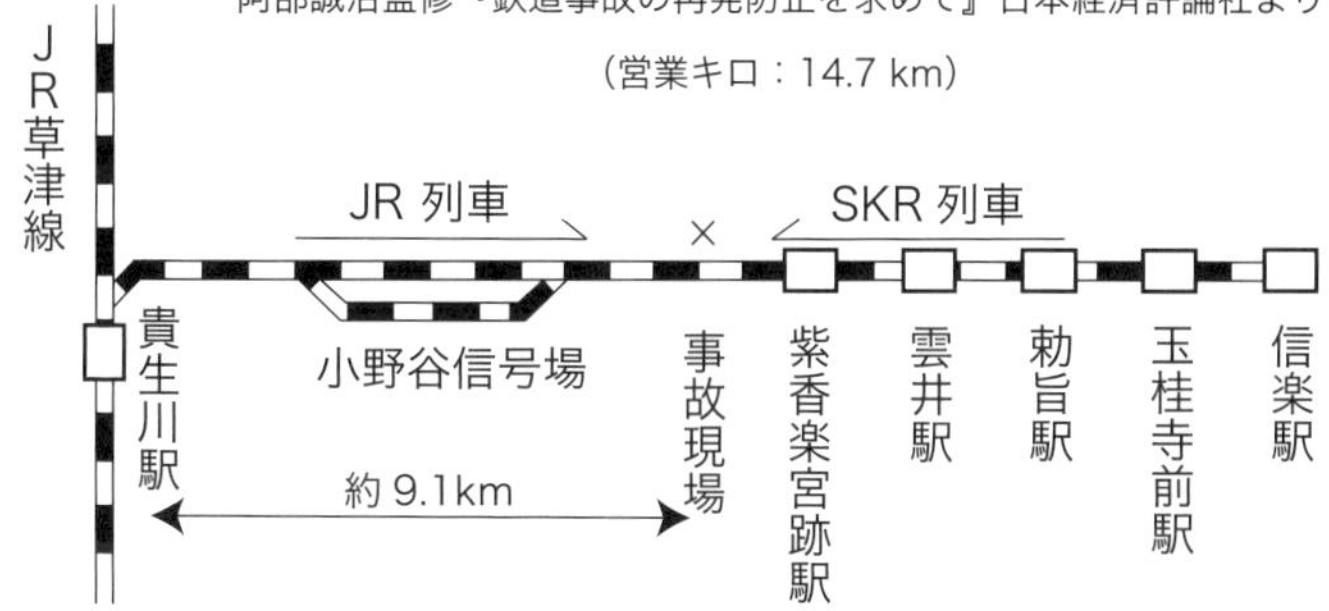

平成一一年三月二九日で大津地裁の刑事判決より早く出ている。高裁判決は平成一四年一二月二六日。）

民事判決でＪＲ西日本の責任を認めた理由として、事故の直接の原因はＳＫＲが赤信号の状態で代用閉塞手続きをとらずに列車を出発させたことにあるとするが、事故発生以前に、ＪＲ西日本が信号システムの変更を行うに当たって、ＳＫＲ側と十分な協議をしなかったことや、事故発生前の平成三年四月八日、四月一二日、五月三日に同種の信号トラブルが発生した際に、ＪＲ西日本の事故時の下り列車の運転士を含む複数の現場関係者が、ＳＫＲ側の代用閉塞の取り方などに明らかな規則違反を現認し、またそれを容易に知ることができていながら、ＪＲ西日本の上層部に報告を怠っていたなどを理由に、ＪＲ西日本に注意義務違反、報告義務違反などを認めた。

大阪地裁と高裁の「（組織としての）ＪＲ西日本に民事上の法的責任あり」という判断は、新生民営ＪＲに対して事業者の刑事責任を超えて損害賠償義務を命ずる法的判断を下したものであった。この民事判決は大津地裁の無罪判決と一見相反するものであり、世間を驚かせたが、実はJR西日本に対しては重大な意味を持っていた。

JR西日本の運転関係従事のかなりの社員は、信楽高原鉄道（SKR）の人材、組織、設備条件、保安システムなど実態を見て、同社の安全管理体制が看過できないくらいに脆弱《ぜいじゃく》であることは、認識していたであろう。

組織を異にするSKRとJR西日本がトータルの安全を確保するためには、両者で安全管理対策の協定を取り決め、それぞれが別個に安全上の機械システムを整備するだけでなく、実際にそれらを運用する人々が、お互いを信頼し、協力し、実行し、確認して安全性を創造する相応の組織の「企業文化」が形成されなければ、真の安全性は保たれない。

言葉を変えて言えば、JR西日本は、大阪地裁、高裁の民事判決を契機に、できれば「事故責任の有無」にこだわる「事業者の安全論」を見直し、事故原因や責任のいかんにかかわらず、「顧客・利用者を事故の被害者に決してしない」という「利用者消費者優先の安全論」の重要性にも踏み込んで欲しかった。そうすれば原因や責任の所在にかかわらず「事故未然防止」のために組織全体が不安と恐れをなくし、信頼と協調で絶え間なく輸送の品質改善と向上に努める高品質実現の企業文化形成の出発点に立つことができたと思われる。その成否に、一四年後に起きる福知山線事故の悲運の萌芽を感じずにはいられない。

できなかった企業文化の変革

福知山線の事故について、国土交通省の航空鉄道事故調査委員会（後藤昇弘委員長）は二年余の調査の結果、平成一九年六月二八日の「JR西日本福知山線塚口駅〜尼崎駅間列車脱線事故調査報告書」で「事故原因」を次のように述べている。（航空鉄道事故調査委員会は、事故の原因の究明と再発の防止を目的とするもので、責任の追及はその任にない。）

「本件運転士のブレーキ使用が遅れたことについては、（本件運転士が二駅手前の伊丹駅における停止位置行き過ぎに対する）虚偽報告を求める車内電話を（車掌に）切られたと思い、本件車掌と輸送指令員との交信に特段の注意を払っていたこと、日勤教育を受けさせられることを懸念するなどして言い訳等を考えていたこと等から、注意が運転からそれたことによるものと考えられる。」（（　）は筆者挿入）として、「運転士の運転中の注意力の喪失」を事故の原因としている。（図8参照）

事故の原因は事故調査委員会により本件運転士の「運転中の注意力の喪失による速度超過」にあるとされたが、「なぜ注意力を喪失したか？」については、同委員会はJR西日本の組織に内在する「企業文化」の問題に言及した。

「本件運転士が（二駅手前の伊丹駅における停止位置行き過ぎに対する）虚偽報告を求める車内電話を（車掌に）かけたこと及び（車内電話を受けた車掌と輸送指令員との無線交信を傍受したことにより）注意が運転からそれたことについては、インシデント等を発生させた運転士にペナルティであると受け取られることのある日勤教育又は懲戒処分等を行い、その報告を怠り又は虚偽報告を行った運転士には、より厳しい日勤教育又は懲戒処分等を行うという同社の運転士管理方法が関与した可能性が考えられる」として、同社の「運転士管理方法が関与した可能性」を、「可能性が考えられる」という弱い表現ながら明言している。

図８　ＪＲ西日本福知山線事故現場図

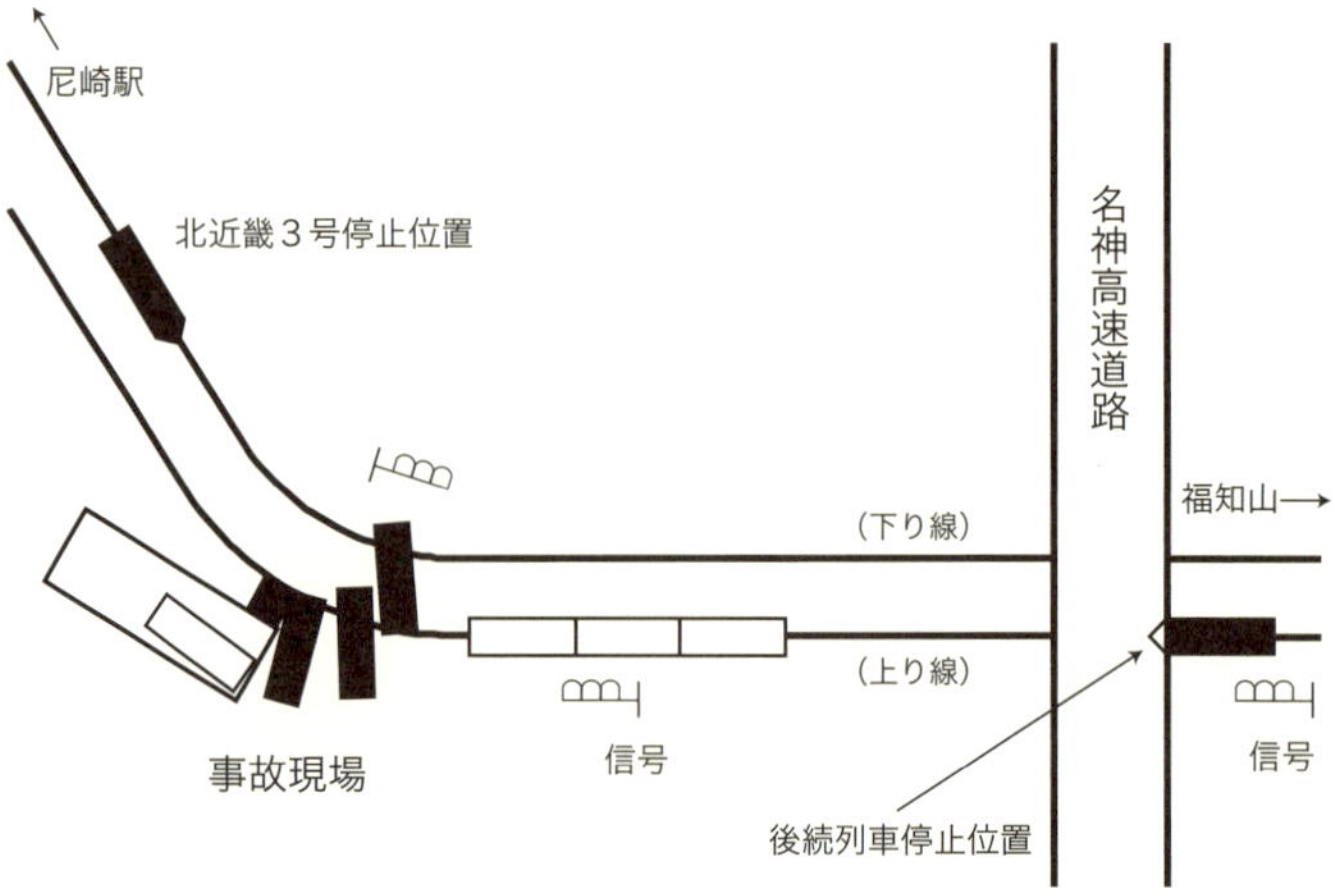

「事故調査報告書」をもとに筆者作成

これは運転士管理方法が事故の原因として関与した可能性を認めたもので、同社の「企業文化」に問題があることを認めたものである。

事故調査委員会がこのような運転士など個人の事故原因のほかにいわば「組織の事故原因」に言及した例は今だかつてなかったことであり、JR西日本の企業文化に問題があったという判断が初めて下された。

結局JR西日本は一四年前に起きた信楽事故を体験し、「事故責任論」に拘泥した事業者の安全論を脱すべきところ、それが不十分であった。事故防止の目的が依然として伝統的な責任事故の防止と職務怠慢者に対する懲罰的教育などによる再発の防止にあり、不安や恐れをなくし協調と信頼によって社員の能力を発揮させ、組織の安全性創造力を高める「企業文化の変革」ができないでいたのである。

「フェーズⅣの意識レベル」の恐怖

JR西日本福知山線の事故は、国鉄においてもほとんど前例を見ない特異な事故であり、その背景に既述のような同社の組織の企業文化の問題があったと思われるが、本件事故の直接の原因については（事故調査報告書ではあまり触れられていない）、更に掘り下げる必要があると考える。

その理由は事故が、列車無線の交信内容が引きがねとなって本件運転士の「異常な精神状態」の下で発生したと考えられることから、その心理学的分析が必要なのである。

脱線転覆事故の原因は確かに本件運転士の「速度超過」にあるが、その速度超過を引き起こした「注意力喪失の直接の引き金となった要因」は一体何かである。すなわち、本件運転士が事故発生直前に輸送指令員と車掌の無線交信を傍受してしまい、次に直に本人にかかって来るかもしれない無線通話を恐れる本件運転士の心理状態がいかなるレベルになったのかという運転士のその時の「意識レベル」の解明である。

国鉄労働科学研究所労働生理研究室長をされこの分野の権威であった橋本邦衛博士の「意識レベルの段階分け」によると、本件運転士の場合、先の無線交信の傍受により心理的に「パニック（興奮）状態となり、判断が停止してしまった」可能性がある。

橋本博士は意識レベルを0〜Ⅳまでの五段階に分類している（『安全人間工学』中央労働災害防止協会）。

フェーズ　0　無意識、失神　（注意力）ゼロ
フェーズ　Ⅰ　サブ・ノーマル、意識薄弱　（注意力）信頼性劣る
フェーズ　Ⅱ　ノーマル、リラックス　（注意力）定例作業の注意力
フェーズ　Ⅲ　クリア、アクティブ、前向き　（注意力）意識活発・積極活動的

フェーズⅣ　ハイパー・ノーマル、パニック（注意力）一点に凝集、判断停止

この場合は「フェーズⅡ」の「リラックス・定例作業の注意力」から、「フェーズⅢ」の「意識活発・積極活動的」を通り越して、一気に「フェーズⅣ」の「パニック」に行ってしまった可能性がある。「フェーズⅡのノーマル・リラックス（normal relaxed）」で定例作業を行っていたが、運転士は輸送指令員との列車無線交信で虚偽報告の願いが失敗したと感じた瞬間に周章狼狽、茫然自失し、「フェーズⅣの恐怖のパニック（hyper-normal）」に陥ったのではないか。これが事故の真の原因のように思われる。

そうだとすると、ＪＲ西日本の伝統的な責任事故防止と懲罰的教育などによる企業文化にあって、往々にして従業員が信頼と協調でなく、不安と恐れを抱いていて、それが結果的に事故に影響したことになる。

従って運転中の乗務員との無線交信や携帯電話の使用は、運転操作の注意力に重大な心理的影響を及ぼすおそれがあり、緊急時以外は厳格に規制する必要がある。

究極の安全への道

ＪＲ西日本の福知山線の事故原因の問題は、おおむね航空鉄道事故調査委員会の報告書の通りで争う余地はないかに見えた。しかし直接の原因と責任者である本件運転士が死亡したこと

と、会社側の事故に向き合う姿勢と体質に不信感を持った遺族、被害者、利用者などが、検察或いは検察審査会を通じてＪＲ西日本の四人の経営者の事故発生の予見可能性について刑事責任を追及するという異例の展開になった。

神戸地検から起訴されていた山崎正夫前社長にたいして、平成二十四年一月一一日神戸地裁において、「事故の予見可能性の認識」をほぼ全面的に否定した無罪判決が出て、検察は同月二五日、控訴を断念した。

この判決に対し遺族や被害者からは、「これほどの大事故で誰の刑事責任も問えないなら、日本はどんどん無責任社会になっていく」（『朝日新聞』平成二四年一月二六日）というような強い不満が出されたと報道された。

検察は、遺族や被害者の心情に応えたいとのことで、山崎氏を起訴したものとされている。しかし山崎氏個人が本件事故の原因と責任について関わりがなかったことは、神戸地裁の無罪判決で実証されたように、鉄道事故の専門家の誰が見ても明白であり、鉄道一四〇年の歴史上もこのように本件事故の原因と直結しない経営幹部の法的責任の追及は全く異例のことであった。何よりも山崎氏は本件事故の起こる六年一〇カ月も前にＪＲ西日本を退社しており、事故後一〇カ月を経過してから社長に就任し事故後の対応や再発防止策の推進に専心努力していたのであり、本件事故発生の責任を負うことも、本件事故発生の防止に関わることもできない局外者であった。

従ってＪＲ西日本の佐々木隆之社長は「この判決にかかわらず（ＪＲ西日本は）この事故に対して責任を負っている」と明言し、今後も「被害者対応と安全性向上、企業風土改革にこれまで以上に取り組みたい」と語っている。

結局このことは従来ほとんど疑うことのなかった「法令遵守による責任事故とその再発の防止」という「事業者の安全論」は、結果的に大事故の未然防止ができなかったときは、もはや遺族、被害者、利用者、消費者には信頼されないという厳しい現実を意味している。少なくとも顧客利用者は、事業者に対して「事故未然防止の安全」を確保するより高品質の輸送サービスを強く求めているのである。

筆者はいわゆる国民の「安全権」というような概念を持ち出すつもりはないが、「安全の価値を最重要視」しており、これはごく自然に「顧客の求める安全の価値観」であり、とりもなおさずこれが「消費者の安全論」そのものではないかと考える。

事業者はこれまでの事業者の安全論の中にこの顧客の安全価値観に基づく「消費者の安全論」を取り込み、より一層輸送サービスの高品質化を目指し、事業者の安全論を更に発展させていくという絶え間ない努力が必要になるのではないかと考える。

従って、ＪＲ西日本は異例とされる経営者に対する刑事責任の追及については、引き続き本件事故の因果関係をめぐって、これからの訴訟の場において裁判所の公正な法的判断を仰ぐこととなろうが、遺族や被害者をはじめ顧客・消費者の求める安全論に対しては、JR西日本は今後の安全性の確立のために「経営トップから現場に至る全社員による信頼と協調を基盤とする組織の安全性創造力を高める絶え間ない品質改善努力をして、これまでの企業文化、安全文化の変革を図る」ことである。

健全な企業文化の形成は「事故未然防止の究極の安全」実現への道程であるとともに利用者、顧客の信頼をかちえ企業発展の基本となるからである。

実は二〇〇三年八月、アメリカのスペースシャトル・コロンビアの事故に対する世紀の「事故報告書」で、世界に冠たるアメリカ航空宇宙局（NASA）が厳しくその組織文化の体質改善を迫られたことがあった。それは、平成三年（一九九八年）の信楽高原鉄道事故の一四年後に福知山線事故に至ったJR西日本の企業文化の問題と似ている。

NASAは一九八六年にチャレンジャー号が打ち上げ失敗で爆発し、七名の乗員が犠牲となったが、その事故の一七年後、二〇〇三年二月一日、またしても「スペースシャトル・コロンビア号」が帰還時に空中分解し、七名の宇宙飛行士が亡くなる事故を起こした。

詳細を説明する紙幅はないが、S・オキーフNASA長官に任命された退役海軍大将のゲーマン事故調査委員長（W.Gehman.jr）は、コロンビア号のロケット打ち上げ時の燃料タンクの剥離片《はくりへん》がシャトルを損傷した事実を重く見なかった結果、修復作業を指示せず、最終的には別の衛星を打ち上げて乗組員を救出しなかったNASAに対して、「この事故の背景には組織文化の問題がある。NASAの組織の安全文化（A Broken Safety Culture）を変えない限りこのような事故は再び起こる」と断定したのだった。

この事故報告は、これまで数多くの同種のものの中で、最も事故発生原因の核心をつき、かつその組織文化の問題を厳しく追及したものである。

避けられた東京電力福島第一原子力発電所の崩壊

平成二三年三月一一日一四時四六分、東日本を襲った巨大地震及び巨大津波によって、東北から関東にかけて沿岸部を中心に壊滅的な被害を受けた。およそ千年も昔の平安時代の貞観地震（八六九年）に勝るとも劣らない天災でその被害は空前絶後であった。そこに致命的な事故が追い討ちをかけた。

技術先進国日本でよもやの原子力発電事故が起きてしまった。福島第一原子力発電所は東日本大地震を感知し、1号機から3号機の運転中の原子炉はいずれも緊急停止し、炉心冷却装置が働きだしたとされている。しかし続いて襲ってきた大津波によって、海岸よりの電源設備や燃料タンクは脆くも押し流され全電源を失い、原子力発電所が制御不能に陥り、一部に炉心の空焚《からだ》き状態が出現し、炉心溶融、建屋のガス爆発、放射性物質の漏洩《ろうえい》という最悪の事態に至った。5号機、6号機は危うく難を免れた。4号機は発電停止中だったが、使用済み燃料プールの冷却水の供給が途切れ、燃料棒が露出して危険な状況となった。1、3、4号機の原子炉建屋は水素爆発によって吹っ飛び、発電所周辺はもとより一帯に放射性物質の飛散が始まり、自衛隊、消防、アメリカ軍、フランスのアレバ社などの協力も得て「冷やす」「閉じ込め」に必死の努力がなされたが、作業は難航した。

当時内閣官房参与であった田坂広志氏は著書『官邸から見た原発事故の真実』で「最悪の場合は首都圏三千万人が避難を余儀なくされる可能性があった」「福島原発事故が最悪の事態を免れたのは文字どおり幸運に恵まれたに過ぎない」と述べている。

今度の東日本大震災と原発の崩壊はまさに国難であり、その光景は日本が第二次大戦で米軍の絨毯爆撃《じゅうたんばくげき》に会い焦土と化した焼け野が原の姿と、広島、長崎に原子爆弾が炸裂《さくれつ》し、とどめを刺されたイメージと重なるものがあった。多数の被災国民の打ちひしがれた心情は敗戦時のそれに勝るとも劣らない。

福島第一原子力発電所の1号機、3号機、4号機の無残な鉄骨のむき出しの姿は広島の原爆ドームと酷似している。違いは大戦争と核兵器攻撃が巨大天災と核技術平和利用の大失敗に置き換わっただけで、原発崩壊による住民の直接の犠牲者は免れたものの今後に及ぼした影響は先の敗戦と同様計り知れないものがある。

事故発生から一ヵ月後の四月一二日に至り国際原子力事象評価によって一九八六年のチェリノブイリ原子力発電所爆発事故と同様のレベル7に引き上げられた。政府は半径二〇キロメートル内を避難区域とし、三〇キロメートルを自主避難区域に指定した。原子力発電トップクラスのフランスは在留仏人の国外退去を勧告し、アメリカ政府は八〇キロメートルを退避指示し、日本の避難措置を上回る危機対応をした。

想定外事象を無視した「事業者の安全論」の破綻

今回の東京電力の福島原子力発電所の事故はわが国始まって以来の最大最悪の事故といってよい。地震国日本における柏崎刈羽原発や福島原発のような巨大原子力発電所で一旦事故が起こると、国土の約半分に深刻な被害が及ぶ恐れがある。通常時はいかに地震に強く絶対安全と思っていても、大地震が引き金となって思いもかけない異常事態が発生して大事故に至った場合には、一九八六年のチェリノブイリ原発事故をはるかに上回る巨大事故が予想され、被害の及ぶ範囲は比較にならない広範かつ深刻なものになる。したがって専門家や事業者の目指すべき安全対策は大事故の未然防止であり、事故に至った場合でもそれを最小限に食い止めるフェール・セーフの体制確立である。

今回の震災に同時にあった東北電力の女川《おながわ》原子力発電所の重要な設備が無傷で正常運転を継続しているのに、福島第一原子力発電所が無残な破綻を起こしたことは、両者の間に安全対策上大きな差があったといえる。福島第一原発が五・七メートルの津波を想定して重要設備を海面から一〇メートルの高さに配していたのに対し、女川原発は九・一メートルの津波を想定して海面から一四・八メートルのところに重要設備があったという。

原子力発電所の安全管理の当事者たる東京電力はもとより、その安全性をチェックする立場の原子力安全委員会、経済産業省原子力安全保安院、学者専門家などまでもが、想定できるリスクだけを想定し「想定外を無視」する「法令遵守と責任事故防止」の「事業者の安全論」に止《とど》まってしまったところに破局があったのである。

維新後間もない明治政府は鉄道技術を英国から導入し、当時の幹線鉄道の敷設にあたって、陸軍大学校教官で来日したドイツ陸軍のメッケル少佐の進言などもあり、外敵の海からの艦砲射撃に備えて海岸からできるだけ離れたわざわざ険しい内陸のルートを選択した(竹内正浩『鉄道と日本軍』筑摩書房)。それに引き換えわが国の原子力発電所はそろいもそろってむき出しの状態で海に身をさらしている。福島の原子力発電所もアメリカのＧＥ(ジェネラル・エレクトリック)社の設計者の意のままに、国防的観点はおろか巨大地震、大津波などを「想定外」

としてほとんど無視して建設したとすれば、国や専門家を含む関係者のあまりの浅慮に慨嘆せざるをえない。

真実は、まさに経済効率追求の単純な「事業者の安全論」の破綻であったようだ。

第二次大戦で敗戦国となった日本は、昭和二七年（一九五二年）のサンフランシスコ講和条約締結までは、原子力発電等の技術開発は一切禁止されていた。事故を起こした福島第一原子力発電所も（一号機は）昭和四二年（一九六七年）に、米国ジェネラル・エレクトリック（GE）社の全面的技術導入で着工し、昭和四六年（一九七一年）に営業運転を開始したものである。

日本は国内に五四基の営業用原子炉を擁し、世界第三位の原子力発電大国として原子力発電設備の海外輸出などを行っているが、これらは実際は米国のウエスチング・ハウス社、ジェネラル・エレクトリック社などからいわば「原発を完成品」として買い取って得られた成果とその後の発展の結果であり、これまでの日本は残念ながら原発後進国であったという指摘もある。

さらに、今後の原発推進に当たっても「日本は再処理工場と高速増殖炉を稼動させプルトニウムを使った核燃料サイクルを軌道に乗せようとしている」目標があるが、その実現の目途は立っていない（常石敬一『原発とプルトニウム』ＰＨＰ研究所）。我が国も今もって放射性廃棄物の最終処分の能力がなく、更に福島原発事故で大量の放射能汚染物質が発生しいよいよ危機的な状況となっている。

今回の大事故は、第一に、そもそも原発の命綱である電源設備が大津波にさらわれたが、現に発電力を十分に有する発電所でありながら、自前電力、外部電力、非常用ジーゼル電力の全てを失い制御不能に陥る不可思議を起こしてしまった。（平成二三年一〇月二四日、福島第一原子力発電所の「運転作業手順書」には「全電源の喪失を想定した手順」が全くなかったことも明らかになっている）。このように米国ＧＥ社の「（米国における）完成品としての原発技術」を結果として鵜呑みにしてしまい、地震国日本の実情から見た必要かつ有効な改善・改良策が実効を上げることはなかった。

第二に、常備電源が失われるような異常が生じた場合の自動運転システムにフェールセーフの機能が十分でなく、運転停止の原子炉に絶対に必要な冷却水の供給や使用済み燃料棒を水で冷やす給水バックアップ機能が欠けていた。これでは安全システムとしては「フェールアウト」（失敗が安全側に働かず危険が拡大すること）であり、明らかな欠陥システムといえる。

第三に、これが一番の問題なのだが、残念ながら東京電力および関係者に「学ぶ組織の安全文化」がほとんど見られなかったことである。

震災対策に見る東京電力とＪＲ東日本の安全文化の相違

実はこのたびの大震災を共に受けた東京電力とＪＲ東日本の両者で、絶え間なき改善努力の企業文化、安全文化の差が大きく明暗を分けた。

このことをJR西日本の山陽新幹線が被災した平成七年（一九九五年）の阪神淡路大震災（M七・三）、JR東日本の上越新幹線が被災した平成一六年（二〇〇四年）の新潟県中越地震（M六・八）、東京電力柏崎刈羽発電所が被災した平成一九年（二〇〇七年）の新潟県中越沖地震（M六・八）、そして今回の東日本大震災（M九・〇）と体験する中で、東京電力とJR東日本がどういう道程をたどり、どういう結末を迎えたかを比較したい。

まずJR東日本の一連の震災対応をみていこう。大地震は高速運転の新幹線にとっては最大の「アキレス腱」である。平成七年（一九九五年）の阪神淡路大震災（M七・三）当時のJR各社はいずれも新幹線の大地震に対する有効な安全対策を持ち合わせていなかった。

例えば、平成七年の阪神淡路大震災時に山陽新幹線で現実に高架橋が大規模に落下・崩壊した。地震発生時刻が朝五時四六分五二秒と新幹線の始発六時よりわずかに早かったために大惨事を免れた。もし地震発生が新幹線運行時間帯だったら地獄のような光景が出現していたかもしれない。もし高架橋の落下崩落が営業時間帯で、そこに「満席の東海道・山陽新幹線700系（16両編成、定員1323人）が時速150キロメートルでつっこんだ場合、1、3、4両目は落橋部分に落下、2両目は落橋を超え、その先の高架橋上まで飛び、5両目以降も激しく衝突する」というシュミレーション結果が清野純史京都大学准教授（地震工学）によってまとめられている。「被害拡大は、時速80キロメートルを境に怪我人が急増し、100キロメートル以上では大半の乗客が重大なけがを負い多数の死傷者がでる」（『毎日新聞』平成一七年九月七日夕刊）。

JR東日本は阪神淡路大震災に多くの土木、運転関係の技術者を復旧要員としてJR西日本に送り、徹底的に地震の現場を検証し、高速運転新幹線の地震対策を研究した。

阪神淡路大震災から九年後の平成一六年（二〇〇四年）一〇月二三日、JR東日本の上越新幹線で、営業時間帯の一七時五六分、新潟県中越地方にM六・八、最大震度七の大地震が襲った。最大ガル値（gal・水平合成加速度）は新幹線越後川口変電所における八四六ガルで、これは、阪神淡路大震災のときのガル値を上回る規模の地震であったという。

新潟県の信濃川流域は、幾つもの地震の活断層が横たわり、地震時に新潟平野を走る上越新幹線は、夕方の営業時間帯であったこともあり、新潟―上毛高原間に上り下り合わせて七本の高速新幹線列車が走行運転中であった。

ところが脱線したのは、長岡―浦佐間を時速二〇〇キロメートルで走行中の「とき325号」だけだった。とき325号は10両編成だった。1、2、3、4、5、8、9、10号車の8両が脱線した。9号車にいた車掌は「長岡駅に到着する準備を行っているときに、いきなり大きな揺れを感じました。はじめは横揺れに感じ、その後すぐに縦揺れを感じました。ものすごい揺れで飛行機が鉄道の車輪を履いて着陸するような感じでした。時速200キロメートルで脱線し、揺れは停車まで続き、凄いスピードで砂利道を走っているような感じでした」と証言している（JR東日本「上越新幹線脱線調査報告書」二〇〇八年一月）。

実はJR東日本の技術陣はこの大地震の前に先手を打って有効な地震対策を講じていたために、上越新幹線を落橋・脱線転覆の危機から救ったのである。彼らは阪神淡路大震災の教訓から、JR東日本の東北・上越新幹線の中で、最も危険と思われた活断層のある三地区を選び、耐震補強工事を経営トップに提案し、これを実施した。中越地震のこの地区は、悠久山活断層があり、選定され補強されていた。実際はその隣接したところで地震が発生したのだが、ちょうど「とき325号」の脱線した高架橋の橋脚を耐震補強区間としてカバーしており、高架橋崩壊などによる大惨事を免れた。行なったのは、橋脚に鉄板を巻く単純な工事なのだが、このことによって橋脚の強度は鉄板を巻く前の四～五倍に強化されたという。

JR東日本が学んだもう一つの耐震策は、「あらゆる地震のいろいろな波形に対して脱線を防止するというのは、技術的に検討すると、かなり困難である」ことが分かったことから、高架橋のスラブ軌道（砕石でなくコンクリートによる軌道構造）では脱線しても、車両ガイド機構等で逸脱を防ぐ方式で列車の転覆を防ぐことにした。（脱線防止ストッパー、L型車両ガイドを車両へ取り付け、車輪と車両ガイド機構の間にレールを挟んで真っ直ぐ走る。）

これだけでは地震対策としては万全ではないが、これらを実施に移すだけで、安全対策は格段に進歩改善したのであった。

ＪＲ東日本は新潟中越地震の経験から、新幹線鉄道などにおいて、大地震が発生しても橋脚の鉄板巻き補強で高架橋の倒壊を防ぎ、揺れで脱線してもそのままレールを挟み込んで真っ直ぐ走り、転覆しないような仕組みを作り、ある意味で「地震と共存できる道」を学んだのである。（ＪＲ各社はこの時以降、このレベルの地震対策は実行済みである。）新幹線が開業して四〇年余、新潟県中越地震が営業運転中の初めての大地震の災害の直撃を受けた。もし落橋、脱線・転覆など大惨事になっていたら、地震国日本で新幹線の高速運転の継続を危ぶむ声が起きたかもしれない。

一方、世界最大規模を誇る東京電力柏崎刈羽原子力発電所及び東京電力の震災対応はどうだったのか。

柏崎刈羽原子力発電所は、平成一六年の中越地震（Ｍ六・八）では震源地が五〇キロメートルほど離れた内陸であったこともあり、運転中の原子炉は停止することもなく無難に終始し、この時は地震に強かった。

問題はそれから三年後の平成一九年の中越沖地震（Ｍ六・八）の発生である。このときは震源地が柏崎原発の海側一〇キロメートルでほぼ直下地震で、さすがに危険な状況が現れた。発電所の地盤が大きく動き、原子炉も影響を受け、六号機建屋の原子炉の直上のクレーンが破損したりして、復旧に二年ほど要した。当時稼動中の三、四、七号機と起動中の二号機はいずれも緊急停止した。原子炉の冷却は外部電源に頼ることになるが、外部電源を取り入れる変圧器近辺から火災が発生し、原子力発電所に消防車の出動が手間取り、消火が遅れて黒煙が立ち上り、緊迫した場面がＮＨＫテレビに映し出された。

このとき東京電力の勝俣恒久社長は「想定外の地震」という発言をした。実は柏崎原子力発電所はまさに未経験の危険を数多く体験した。そして決して無視できない影響が出たが、結果的には原発は破綻することなく安全は守られた形となった。新潟県知事や柏崎市長は安全の保証を運転再開の条件とした。平成二二年三月に耐震安全性評価結果報告書を経済産業省原子力安全保安院に提出し、文書をもってお墨付きを頂くことで同年八月四日から運転を再開した。

東電はこのようにして想定外の中越沖地震に遭遇し、大地震による思いがけない危険の可能性を数多く経験した。それゆえ、巨大地震対策から大津波対策に至るまで、「想定外事象は起こりうる」という認識の下に巨大原子力発電所の安全対策を検証し、自他の原子力発電所の安全対策のレベルアップを何らかの形で図るべきではなかったか。結果はこのときの折角の貴重な実践体験を通した「失敗学」が、福島第一原子力発電所の安全性向上に生かされることはなかった。

運命を分けた東京電力とＪＲ東日本

東京電力とＪＲ東日本の両者は平成二三年三月一一日、等しく東日本大震災の厳しい洗礼を受け、両者に命運が下った。

・東京電力福島第一原子力発電所はわが国のエネルギー供給の主役であり地球温暖化防止の切り札と期待されていたが、致命的な安全破綻を起こした。

・ＪＲ東日本の東北新幹線はこのとき「はやぶさ」が最高時速三二〇キロメートル運転を成功させていた。まず、三陸沿岸に配置した早期地震検知システムが稼動して、強い揺れが到達する一二―七三秒前に緊急地震情報を感知し、被災エリア内を走行中の新幹線列車五本が一斉に非常ブレーキで速度を落とし、無事停車した（『毎日新聞』平成二三年五月二〇日）。

従って東北新幹線は大宮―沼宮内《ぬまくない》間で一二〇〇カ所も甚大な地震の被害を受けていながら、それまでに高架橋もさらに一二五〇本の橋脚に鉄板を巻いたお陰で倒壊はなく、覚悟していた脱線もなく、お客を傷つけることは皆無であった。新幹線の安全神話は守られた。

東京電力は致命的な安全破綻をした。しかし、福島をはじめとして全ての原子力発電所の安全確保については法令に従い、原子力安全委員会、原子力安全保安院の指導や監督を受けて適正に運転してきており、事故原因は「想定外の自然災害」で避けがたく、東電には責任はない、という気持ちは拭いきれないであろう。確かにこれまではこの論法で通ってきた。またこれから実際に裁判になったばあい法的判断がどうなるかは分からない。

しかし、これこそまさに「事業者の安全論」であり、「責任事故は起こさない」という事業者の責任達成論なのである。国家的安全レベルを求められる原子力発電所の安全性にとって大事なのは「原因のいかんにかかわらず、責任のいかんにかかわらず事故は起こさない」という消費者国民を被害にあわせない「事故未然防止の安全論」が求められているのである。その意味で「法的責任」と「科学技術論」に固執する原子力安全委員会や原子力安全保安院の規制行政的存在が、東電の安全思想、安全対策を事業者の安全論に安住させ、結果として東電は破局に陥ったといえよう。

東電は多くの優秀な社員と最高の技術レベルを要しながら、「健全な学ぶ組織の企業文化、安全文化」が育まれなかった。俗に原子力村と呼ばれる電力会社などを取り巻く政治家、行政官、主流派の学者などが本来保持していなければならない「強固な良心」に基づくリーダーシップに恵まれることもなく、いかなる状況下でも国家国民の安全を守りきる究極の安全性創造には程遠いところに低迷した状態で今回の大震災を迎えた。その結果、国家の重要政策とされた原子力の平和利用の重大使命を達成することができず、取り返しのつかない破綻に陥り、国家国民に多大の損害を与え、その信頼を根底から失ってしまった。

宇宙の大自然は、学ぶ組織としからざる組織の企業文化の差をもって、東電とJR東日本の命運を大きく隔てることとなった。

しかし東京電力の真価が問われるのはこれからである。東京電力は事故発生の法的責任がどうあろうと、また今後経営形態がどうなろうと、福島第一原子力発電所の安全管理責任は一貫してあり、事故の早期収束と被害の軽減は絶対的責務である。

福島第一原発は、これまでの原子力発電産業では史上未経験の崩壊過程にある。平成二三年一二月に「冷温停止状態」が宣言されたとしても、メルトダウンした複数の巨大原発に実際に踏み込んで、これらを安全に収束させることができるか否かに、今後の国家国民の命運がかかっている。そして、この国難ともいえる現下の深刻な事態を解決できる原動力となるのは「事故現場」を管理し「現場」に責任を有する東京電力しかないという冷厳な事実がある。

これから、事故の安定収束と諸問題の解決のためには気の遠くなるような困難な闘いとなろう。国は東京電力を全面的に支え、東京電力はその使命に徹し、電力各社の協力も得て、国家の存亡をかけて大量の核燃料及び放射性物質を閉じ込めたままシェルターに隔離し、半永久的に保管管理しなければならない。大量の汚染土壌、放射能汚染水の処理もある。とにかくできるだけ早く一定の安定的な収束が大切で、現在の東京電力の経営者、社員全員はこれを一日も早く達成すべくあらゆる方策を全力で実行することである。

この東京電力の懸命の努力に対する国民の信頼ができて始めて、損害賠償の負担に当たっての国の支援、国民の応分の負担（電力料金値上げ）の話ができるのである。

そして最終的な損害の負担のあり方は、あくまで東京電力の原発事故の早期安定収束の着実な実行と、自らの徹底的な業務合理化改善を条件に、「国家的な規模の特別勘定」を設定し、東京電力（あるいはその精算組織）と国で責任を持って進めていくしかないと考える。

我々は第二次大戦の敗戦で焦土と化した国土をここまで発展させてきた。今回の東日本大震災に当たっても叡智を結集し優れたリーダーの下でもう一度復興させ、今度こそはこんな国家的な大失敗を繰り返さない日本を建設していかなければならない。

第7章

人類の危機を救う消費者の安全論

安全・食料・エネルギーの危機と消費者の安全

日本文明論を書かれる竹村公太郎氏は『幸運な文明』（ＰＨＰ研究所）のなかで、「文明が滅びることはそれほど難しい哲学的な話ではない。歴史上、多くの文明が登場し滅んでいった。滅んだ文明の原因ははっきりしている。その文明が「安全」を失ったか、「食料」を失ったか、「エネルギー」を失ったかである。歴史上多くの文明がエネルギーを失い滅んでいった。歴史上の文明のエネルギーは森林である。森林が伐採し尽くされれば、その文明は歴史の舞台から消えていった」と述べている。

「イースター島の悲劇」の歴史的教訓はまさにこれである。5世紀頃ポリネシア人の祖先が、南太平洋の南米チリから二〇〇〇キロも離れた西の小さな絶海の孤島イースター島にたどり着いた。豊かな森に恵まれたこの島で、鶏とサツマイモを主食とする食文化を築き、モアイと呼ばれる大きなものは高さ九メートル、重さ九〇トンにも及ぶ一〇〇〇体もの巨石像文明を誇るまでに大発展を遂げる。しかし限度を超えた人口の増加により食料の争奪抗争が頻発し、燃料用や木造船や巨石運搬用に島の木を切りすぎて、一七世紀末には森林がなくなってしまい、漁業の道も断たれ、ほぼ滅亡してしまったと伝えられている。

人類の安全の崩壊は危険因子が幾何級数的に増大したときに起こる恐れがある。そして、幾何級数的に増大して「限界」を超えると、加速度がついているだけに一挙に衝撃は大きくなり崩壊することがある。

人口爆発、二酸化炭素濃度上昇、水質・土壌汚染、ゴミの山、生態系の崩壊、森林の減少、砂漠化の進行、水危機などはいずれも「自然システム」が壊れていくことに繋がる。人類が自然の許容限界を突破することにより、自然が崩壊していく過程にある。その結果、人類も自然界の一部である以上安全が失われ、生存そのものが脅かされ、危機が迫ってくる。幾何級数的増加の脅威の一つが、「新型インフルエンザの世界的パンデミック（爆発感染）」の恐れである。進行速度をそのままにしておくと、大きな被害や犠牲を免れないこととなる。

しかしそれらの大本は「人口の幾何級数的増加」にある。一八世紀末にマルサスは、人口は「等比級数的」に増えるが、食料は「等差級数的」にしか増えないため、「食料の供給は到底人口の伸びに追いつけない」と『人口論』で語ったが、それは重要な警告である。人口が幾何級数的に増え、人間が物質的豊かさを過剰に追求する限り、人類は「行き過ぎて滅亡する」という道をたどることとなる。

何よりも地球上の人口の幾何級数的増加を二一世紀中に止めない限り、他のいかなる努力、対策を打とうと、人類、文明の破綻、崩壊は免れないのである。

河野稠果《しげみ》氏（麗澤大学教授）は『世界人口』（東京大学出版会）で、「何百万年にも及ぶ人類の歴史、そして今後の長い未来を通じて、人口増加率が一％を超えたのは、二〇世紀から二一世紀前半にかけての、一〇〇年にも満たないごく短い時代に過ぎなかったことになる。国連の長期推計の中位値によれば、二一世紀の半ばに世界人口は九七億人に達し、二二世紀の終わり頃、九〇億人前後で安定するものと見られる。将来どこかで世界人口は、人口増加ゼロにならなければならない。楽観論・悲観論を問わず、それは議論の余地がない」と述べている。

この「世界人口増加率の長期的推移」という図9、図10の二つのグラフは大変説得力がある。我々が生活している二一世紀のわずか一〇〇年に満たない間に世界人口は急増したが、それをもとの「人口不増」の安定状態に戻せるかどうかに人類の命運がかかっている。

現実は世界の人口問題がほとんど未解決のままで地球規模の人口爆発が進行している。各地の民族戦争、止まることのないテロの続発、さらには、新型病原菌の出現、疫病の蔓延、環境破壊による人類の破局的危機の到来、エネルギー危機、食糧危機など、事態は深刻であり、い

図9　世界人口増加の長期的推移

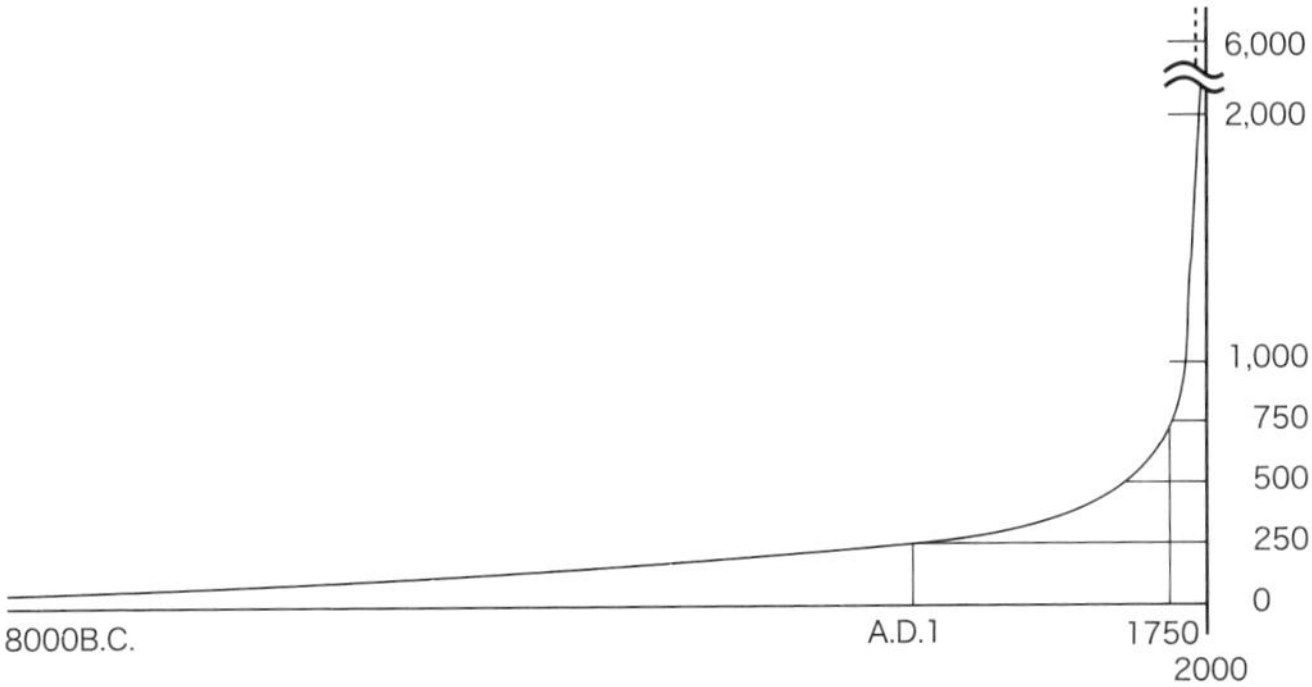

出所：Durand（1967）
河野稠果『世界の人口』東京大学出版会

図 10　世界人口増加率の長期的推移

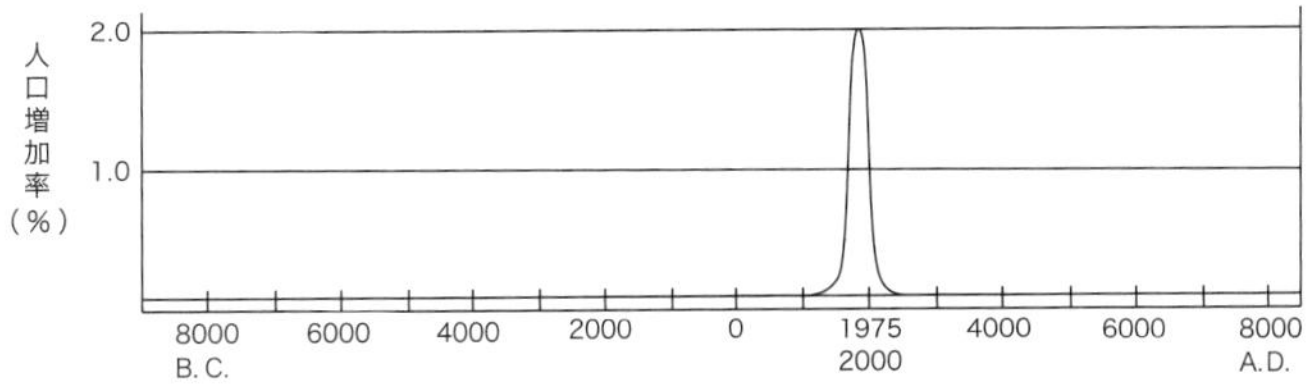

出所：Coale（1974）に、国連資料を基に多少修正を加えた
河野稠果『世界の人口』東京大学出版会

まや地球規模で安全を真剣に考えざるをえなくなっている。

破綻のシナリオを食料に限って論じてみると、現在七〇億人の世界人口が今後更に二七億人ほど増えるとしよう。アメリカなど先進農業国の巨大事業会社は、遺伝子組み換え種の全世界的導入によって、一九四一年からの「緑の革命」同様世界的な量的増産体制を普及させ食料危機を乗り切る「高収量品種開発活動」を展開するであろう。そのことによって人口急増国の飢えを救いかつ自国の遺伝子組み換え種子産業、農業の成長につなげようとする。

ところがこの農業政策は限られた先進国の遺伝子組み換え種の独占支配が前提になっており、天候異変、病害虫の発生、連作障害など不測の事態が発生した場合、伝統的農業を基本とする低開発国の農業生産体制が追随できない状況になると、在来農業が崩壊し、種の進化、育種、保存に絶望的な破局が訪れるおそれがある。

現在は先進国の圧倒的な資本力や遺伝子技術の力よって矛盾や問題点は封じ込まれていても、基本的に自然と対立する種の世界支配の構図は変わらず、いずれ農業現場が回帰不能の絶望状態を迎えるおそれがある。

食料の量的な確保で言うならば、遺伝子組み換え工学による種の独占支配による世界規模の増産体制を敷くのではなく、まず次のような問題から先行解決すべきであろう。

例えば穀物は人類の主食であり、その生産量は世界で年間二〇億トン余である。世界中で肉食がすすみ、そのうちほぼ半分近い約九億トンが家畜の飼料として消費されている。食べるものがなくて飢えに苦しんでいる人がアジアやアフリカに八億人もいるのにである。

現代の畜産は、昔とは異なり草を与える牧畜ではなく、人が食べる穀物から食肉を製造する畜産であり、「加工業」になってしまった。この延長線上に抗生物質、成長ホルモン剤などの多用、さらには肉骨粉使用によるBSE発生などの感染症があり、自然界との対立は日々悪化の一途をたどっている。

さらにここに来て環境問題のためとはいえ、人類の主食の一つであるトウモロコシなどからバイオエタノールを生産して、それを「自動車に！」という動きが加速されてきた。これはもう「食料を燃やして暖をとるような話」であり、まさに文明崩壊が始まり出したと言うべきで、事態の深刻さを思い知らされる。

一方、開発途上国の食料需要の急拡大、地球温暖化などによる食料生産の停滞が加わり、食糧危機の「量と質」の破綻の姿が迫っている。

本論に戻そう。太古から受け継いできた種子資源をどう保存、育種、開発していけば人類にとって最もいいのかという問題である。時間と人手をかけて品種改良を重ねてきた種子は、本来、「公共のもの」となり、原産地から遠く離れた地域でも利用され、あまねくその恩恵を受けてきた。

ところが今や種子の遺伝情報の解析・研究が進むと共に、その種子に遺伝子技術を操作した「生物としての種子」が、特許の対象となりつつある。特許種子による私的な世界支配が進行しているのである。これは北海道大学の久野秀二氏のいわれる「遺伝子を制するものが世界を制する」ことになり、食料の基である種子遺伝資源の支配化傾向は世界の農業と食料問題に深刻な影響が出る恐れがある。これは、食料が大自然からの「贈与」であるというこれまでの人類共通の思想とも相容れず、自然とアグリビジネスの対立の構図でもある。

日本の食料自給率は四〇%を切り、エネルギー自給率は四%でしかないという。食料とエネルギーは「各国毎の自給自足」が原則であり、それらの安全保障は最終的には「自己責任」である。それは私も少年時代に食料不足を経験したが、自己調達の原則は歴史が教えるところだ。

石油やガスは主要なエネルギー、原材料資源である。有事を考えて、周辺海域も含めた開発努力はもっと真剣にならなければならない。代替エネルギーや電気自動車の開発が急がれるが、まだ石油が必要な時代は続くのである。

このまま何も手を打たないでいて、ある日突然、食料、エネルギーが海外から入らなくなると、現代文明はかくも脆いもので、我々の生活は、おそらく失業と悪性インフレにも見舞われ、一挙に昭和二〇年(一九四五年)代の第二次大戦敗戦直後の、あの懐かしくさえ思える餓死寸前の「耐乏生活」に逆戻りしてしまう恐れがある。

筆者などは当時の生活経験があるが、現在が当時と違って致命的に悪いのは、野菜のかなりのものは石油エネルギー依存による温室栽培だし、今の田んぼは農薬がしっかりまかれ、水路はコンクリートで固められているので、いざという時の貴重な蛋白源であるドジョウもタニシもイナゴもいないし、ツクシやフキノトウ、ヨモギなどの野草も食べられない。豊かな里山も宅地開発やゴルフ場となっている。かつては自然の恵みに満ちていて飢えをしのぎ命をつなぐことができた。それらを害虫や雑草とともに農薬や除草剤が駆逐してしまった。「農村の安全」が損なわれると、縄文式時代の生活すら保障されなくなるおそれがある。

悪循環に陥った食べ物の安全

今、我々が日常生活で口にしているほとんど全ての加工食品に化学物質である食品添加物が多種多様の目的で使われている。食品添加物の元トップセールスマンであった安部司氏は『食品の裏側』（東洋経済新報社）の中で次のように述べている。

「食品添加物はまさに魔法の粉です。食品を長持ちさせる。色形を美しく仕上げる。品質を向上させる。味をよくする。コストを下げる。全て食品添加物を使えば簡単なこと。面倒な工程・技術などは不要で、実に簡単に一定の品質のものができてしまうのです。」食品添加物の使用はいまや製造者、販売者はもとより消費者まで巻き込み加工食品の主役の座を得たようだ。加工食品の販売競争は激化の一途にあり、流通がここまで拡大すると食品添加物は堂々たる「原材料」として益々使用が盛んになり、この動きは止められない。

それぞれの添加物の個別の使用については一定の安全性は確認され、表示をすれば使用は合法的なのである。実際は夥《おびただ》しい種類の化学物質があらゆる加工食品に使用されているため複合摂取されている。作家の有吉佐和子氏は食品添加物汚染の実態を小説『複合汚染』として昭和五四年（一九七九年）に発表された。人は生涯でおそらく七〇、八〇種類ほどの化学添加物質をドラム缶一本分を超える分量を身体に取り込む計算になるといわれている。

食品加工事業者をしてこのように食品添加物の多用に走らせる理由は、ただただ「見栄え」「味」「安さ」による大量販売と食中毒の言いがかりや、異物混入、表示違反事件に巻き込まれたくないという理由による。勿論本物の食中毒や毒物の混入などは絶対に防止しなければならない当然の義務である。食品をある意味で虚飾の世界にしてしまった大きな理由は、大小を問わずクレーマーと称する恐喝、脅しの類が非常に多いことだ。それは食品の変質はもとより髪の毛一本、虫一匹入っていても大事件になる恐れがあるし、悪いものが何も入っていなくとも「味がおかしい」、「食べて気分が悪くなった」というようなクレーム、因縁は日常茶飯事である。現場の店長が謝った程度では済まされず、社長を出せ、親会社に言いつける、保健所に通報するぞという脅しの下で、陳謝と再発防止を約するお決まりの謝罪、金品の要求、商品の回収、顛末の公表など不気味でややこしい手続きとなる。これに耐えるのは実は、強固な良心の実行と勇気がないと不可能である。

警察は明らかな恐喝行為が認められない限り出てくれない。そうすると使用できるあらゆる化学物質を十二分に使って、絶対に文句のつけられない「超安全な食品」作りになるのである。ここに加工食品の真の安全性の救いがたいジレンマがある。

このように事業者の安全論は、どんなことがあろうと自社の責任事故の回避のために化学物質で完全ガードした商品作りに専念し、消費者の健康、食品の本物、自然という品質への配慮は消えることとなりかねない。

食品への化学物質の多用を加速させたもう一つの要因は、食品行政の変化である。平成七年(一九九五年)、それまでは「製造日時」の表示でよかったのが、「消費期限」、「賞味期限」の表示に変わった。期限が迫ったり期限を徒過した商品は販売できないとなると販売の期限をできるだけ伸ばすためには合成保存料などの化学物質の使用は有効かつ益々必要となった。

日本ではかつて食中毒による死者は年間千人を超えていたが今や五、六人とほぼゼロになった。このことは衛生管理の向上もあるが、防腐剤などの化学物質の大量投入が根底にあるからであり、決して手放しで喜べる事態ではない。

こういう加工食品業における見栄え、味、安さを演出する様ざまな化学物質多用による「安全確保」は、農家の収量確保、見栄えのよい野菜作りのための化学肥料、農薬の多使用と同様に事故責任回避の「事業者の安全論」の典型的な事例である。このようなことが生命維持産業たる農業、食品業において盛んに行われているところに食の安全の悲劇がある。農産物、食品への化学物質の大量投入は、事業者の利益、責任事故の回避になる反面、消費者の健康、消費者の真の安全を目に見えない形でじわじわと侵している。

人間は永年の進化を大自然の中で生命をつなぎながら今日に至っている。確かに食べ物は量の確保は必要であるが、本物、健康、自然という品質が損なわれては生命の維持は困難だ。

現状は大事な食べ物が「悪貨が良貨を駆逐する世界」になりつつある。消費者の安全論が最も求められているのは、実は食べ物なのである。

食べ物を襲う更に危険な兆候

二〇〇一年アメリカの同時多発テロの前日に、日本で初めてＢＳＥ（当時は狂牛病と呼んでいた。牛海綿状脳症 Bovine Spongiform Encephalopathy）の発生が報じられた。

ＢＳＥは人に感染するとクロウイッツフェルトヤコブ病と呼ばれ、脳がスポンジ状になって死に至る大変恐ろしい病気である。イギリスなどでは一九九六年頃から人への感染が見られ、軍隊まで出動して数百万頭という膨大な牛が処分された。この頃からその原因は牛に与えられる肉骨粉（牛や羊などの死骸、残骸などを裁断し熱処理した飼料）ではないかとされていた。日本の農水省もこのことは承知しており、WHO（世界保健機関）からの肉骨粉の使用に対する警告があったが、輸入禁止措置が遅れBSE汚染国になってしまった。

この病気の恐ろしさは桁外れのものである。原因はウイルスでも病原菌でもなく、異常プリオンと呼ばれる蛋白質がBSE牛を食べることによって人体内に入り、人体の正常プリオンを異常化し、増殖し、脳を侵し、死に至らしめるのである。

問題は草食動物である牛に肉骨粉を与えてまで、飼育しようという生産第一主義である。近年の牛の飼育は自然の放牧などという姿はほとんどなくなり、生れ落ちるとすぐ母牛から離し抗生物質を打ちながらスターターと呼ばれるいろいろなものの入った濃厚配合ジュースを与え、それが終わると成長促進の配合飼料を与えて、人工飼育を行う。子牛は母牛の乳を飲むことがない。緑豊かな牧場でのんびりと草を食べさせて育てる牛などはむしろ例外なのだ。

おとなしい草食動物に抗生物質などの薬物を多投して肉食を強いることは、まさに大自然の摂理に反する行為であり、BSEは神の祟《たた》りと呼んでもいいだろう。こうして、BSEの発生は食品の安全性に決定的な脅威を与えた。自然界の大原則を踏み外して食品を作るととんでもない危険が襲ってくることを思い知らされた。ＢＳＥとふぐの毒は根本的に違うのである。

ＢＳＥと並んで更に大きな被害が予想されるのが、鶏インフルエンザ・ウイルスだ。これは野鳥を介して鶏に伝染したウイルスが鶏舎飼育を通じて変異し、強毒性を増してきたとされるＨ５Ｎ１型と呼ばれる鶏インフルエンザ・ウイルスである。

もともとインフルエンザ・ウイルスは一九一八年の第一次世界大戦時も大流行し、全世界で四〇〇〇万人もの犠牲者を出したとされる。このときも弱毒性の鶏インフルエンザが人間に伝播したと伝えられている。その後何回か流行を繰り返している間にウイルスの強毒性が進み次に襲ってくるＨ５Ｎ１型ウイルスは第一次大戦の頃の五倍くらいの強度に成長し、これが鶏から鶏をへて、鶏から人へ、人から人へと感染を始めるといわゆるパンデミック（爆発的流行）となり、流行すれば日本でも死者は六四万人とされており、何時世界的大流行が起きてもおかしくない状況だ。

実際に平成二一年度（二〇〇九年度）に新型インフルエンザが空港の水際防疫体制を簡単に破って、日本でも大流行した。幸いウイルスが弱毒性のＨ１Ｎ１型だったため大事には至らずに収束した。しかし、いずれ強毒性のＨ５Ｎ１型ウイルスが種の壁を越えて人に感染すると、高齢化社会の日本がどのような惨状に見舞われるのか想像もつかない。

また、遺伝子組み換えによる農作物作りは、何億年という時を刻んできた地球上の生物の進化の歴史や営みを一挙に塗り替える自然征服技術だ。

農作物などに対する新しい技術としての遺伝子組み換えは、これまで品種改良として何世代にわたって行ってきた人工受粉や細胞接合などの異種間の交配とは異なり、その農作物の遺伝子構成に、別の種の特定の遺伝子（ＤＮＡ）を取り出して人工的に挿入し、一世代で組み込んでしまうというものである。

大自然の生物の生態系の進化の過程を断ち切る遺伝子組み換え技術の農作物への利用に関する問題点は次の二つが指摘されている。

一つはたとえば、害虫特性を組み込んだ遺伝子組み換え作物を食べた害虫がコロッと死ぬような作物を人間が食べても安全かどうかということがある。この安全性の論議にはＯＥＣＤ（経済開発協力機構）が定めた「実質的同等性」の理論がある。これはいわば遺伝子組み換えで生産されたものと既存のものが安全性について同等と評価され、急性毒性もないものというような考え方で、長期的、全体的な安全については言及していない。これはまさに「事業者の安全」そのものといえよう。

もう一つは、遺伝子組み換え農産物は当面「害がない」としても、遺伝子組み換え農産物種子はその大部分を欧米の巨大化学会社に独占されており、それらの特許技術のもとに種の支配が起こり、各国の伝統的な農業と何世代にもわたって育ててきた在来種が一代雑種の遺伝子組み換え種（この種を採取し播種しても育たない）に取って替わられ、次第に種資源の枯渇を招き、ひいては各国の伝統的な自主農業が困難になるおそれがある。

自然種の継承の必要性については、後で詳述するが、ＢＳＥや鶏インフルエンザの発症あるいは遺伝子組み換え農産物の自然種に与える影響などの不安は「食べ物は自然からの贈与」であるという自然の法則に逆らって利益目的の工業化を推し進めた結果のしっぺ返しである。農業、畜産などの食料生産事業者が大自然と対立し続けることは、根本的な安全性崩壊の恐れにつながる。それらを防ぎ人類を危機から救うのは、自然食品を選択する「消費者の健全な安全観」しかないと考える。

ＢＳＥが発生したとき日本は牛の全頭検査を行った。遺伝子組み換え農産物に対する抵抗感が一番強い国民は日本人や欧州人だと思う。日本の消費者の品質観がきわめて正常であることは、これからの国民の食べ物の安全確保に当たって心強い。

本当の食糧危機は食べ物の量だけの問題では決してない。今や我々の生存を支える食べ物の質や種資源そのものが危険や危機にさらされているのである。この危機を日本の消費者や外食産業、農家が協力して救うことを期待せずにはいられない。

人類生存の鍵は豊富な自然種の育成

私は新潟の山村の生まれだが、終戦直後の子供の頃、新潟県農事試験場による「農林1号」という米の品種改良の苦労話やそれが終戦直後の日本国民を飢餓から救ったという新聞記事を固唾を呑んで読んだものだ。

水稲農林1号は昭和六年（一九三一年）新潟県農事試験場の技師並河成資、鉢蝋清香両氏によって六年間選び抜いて誕生させた品種であり、現在のコシヒカリ、ササニシキの父にあたる日本稲作を代表する「品種」である。何よりもこれが早稲の品種であったため、第二次大戦直後の食糧危機の昭和二一、二二年の極端な米不足ときに、北陸、新潟地方から送られてきた「上質多収穫品種の農林1号」の早場米が、飢餓に瀕していた当時の日本国民の命を救ったという実績がある。

いま、遺伝子組み換え「種」が世界の農業を飲み込もうとしているとき、日本農業の農林1号などの種資源は「国宝」と呼んでもいい「自然改良種」だ。農林1号は日本の東北、北陸の土地、気候風土に最も適合し、冷害に強く、食味、多収穫など優れた素質を有する優良品種であり、日本が世界に誇れる最高級米種でもある。

同様の話は戦前に日本で開発された「小麦の種・農林10号」にもある。終戦後これがアメリカにわたり、さらに改良され、現在のアメリカ小麦の九〇%はこの農林10号の子孫なのだそうだ。

筆者は平成一三年（二〇〇一年）から米国カリフォルニア州フェアフィールドで当時の日本にはほとんどなかったオーガニック米を用いた冷凍弁当（O-bento）を日産一万食ほど製造し販売した。そのとき使用したカリフォルニア米はサクラメント郊外のリッチヴェールの由緒あるランドバーグ社（Lundberg Family Firms Inc）の広大な農園の「アキタコマチ」というオーガニック・ライスであった。日本の伝統種「あきたこまち」がカリフォルニアで息づいていたのである。当時米国産の米の大半は遺伝子組み換え種になっており、かたくなに自然種の有機銘柄米を生産している農家などは同社を入れて数えるほどしかなかった。

このように少なくとも日本農業は過去においてはいい種子を開発し、これを公共財としてお互いに世界の農業関係者とやり取りし、ともに発展する道を選んできた。そして食料の増産は何も遺伝子の組み換え種子に頼る必要はなく、在来種子の改良と農法の改善を行うことによって、大きな成果を得ることが十分に可能なのである。

しかし、遺伝子組み換え時代を迎えて、今や公共物たる自然種は組み換え種子にとってかわられ、特許権に守られた私企業の独占財産となりつつある。農業、食品分野も自然の循環と恩恵を廃し、工業化の道に舵を切ろうとしている。しかし最大の問題は人類が長年にわたって自然の生態系の中で育種開発してきた多様な種子資源に対する遺伝子の人工的な改廃による「種子資源の危機」である。

日本は遺伝子組み換えの科学的研究で立ち遅れつつあるといわれ、この分野の研究の促進、実用化の研究、開発の必要性は認めなければならない。しかし本質的に自然界の贈与であり人類の共有物である「在来の種子資源」は、遺伝子組み換え技術の研究開発とは別に守り抜かなければならない人類の生命源である。

国連食料農業機関（FAO）日本事務局長の遠藤保雄氏は二〇〇四年一〇月六日の『読売新聞』紙上で「有史以来人類は、農業活動を通じて約一万種の植物を食用や飼料用に開発してきたといわれます。でも、現在では、私たちのエネルギー源になっている作物は僅か一五〇種に過ぎません」と述べている。こんなに種子資源が減ってきているところに、遺伝子組み換え技術などの特許によって種子資源の自由な開発が制限されたら、いよいよ「種の消失」の恐れが現実味を帯びてくる。

現在、日本の種子資源の育種・開発は、米や麦などの穀物の育種については、昭和六一年（一九八六年）以降民間の参入も認められたが、基本は自治体や国に、野菜類は民間の種苗事業者に任されている。

実際は稲、麦類、および大豆などは「主要穀物種子法」によって、国や県の公的管理の下で、原種などの生産を行い、毎年、固定種を更新したものを農家に販売して作付けを行っており、国内採種ができていて、穀類の育種開発体制は何とか守られている。

一方野菜類は、業界の専門家によると、野菜種子の国内採取量は全体の一〇%、原種は日本から持って行っているとはいうものの九〇%近くは海外産の一代雑種であるという。今後海外の遺伝子開発導入種などの攻勢を考えると、お先真っ暗であるという。

また、公的部門で責任ある形ですすめられている穀物種は、さすがに稲などは心配の必要はなさそうだが、国内自給率の低いトウモロコシ、大豆など作付けが激減している穀物の育種開発体制は難しくなり、この面での展望も厳しいようだ。

日本は今後の種子資源の開発にあたって、種子に対する遺伝子技術の開発研究は従来にも増して重要である。「種」は太古から息づいてきた永続させなければならない自然の命であり、二〇〇〇年にも及ぶ農耕民族のかけがえのない歴史的生命源である。西欧文化に見られる、科学万能主義の下に便宜目的で自然の本質を改廃し、自然界を知的財産権のもとに支配する構図ではなく、基本的には多様な種子資源を守り、自然の生態と共存する考え方で、地域農業の発展と安全の確保をはかることが重要と考える。

NHK取材班の『日本の条件6食糧②(一粒の種子が世界を変える)』に『種子は誰のもの・

Seeds of The Earth』（八坂書房）の著者P・ムーニー氏の次のような言葉が紹介されている。

「人類は基本的に僅か三〇ほどの植物に生存を委ねています。もしこれらの植物が絶滅の道を歩み始めたら、つまり人類も絶滅しかないでしょう。ここで絶滅というのは肥料や農薬では解決できない問題を指します。進化と遺伝子のレベルの絶滅です。進化しきった生物は環境の激変に対応した次の進化のチャンスをあまり持っていないのです。人の手で育種されたものだけでは絶滅しか道はありません。多くの遺伝資源を持たなければ栽培植物を永続させることができないのです。先進国、例えばカナダも日本もそうですが、これらの国々は今仮に畑で穀物を豊富に生産できていても、遺伝資源は小国というほかありません。新しい遺伝子を我々の穀物に入れるためには、第三世界の発祥地へいって採集してこなければならないのです。」

ここでいう「三〇種ほどの植物」と遠藤保雄氏の言われた一五〇種とは、数万種といわれる原種の母体から見ると危機的少数であるという点で一致する。

自然界の生成発展の中で公共物として自然の法則にしたがって育種されてきた「種子資源」が種のハイブリッド化（一代限りの雑種を意味する人為的に開発された交配種）や便宜目的の人工的な遺伝子の組み換え技術の導入により、ほんの僅かな人工種に画一化され、企業によって私的に独占されることによって、いずれ世界中の多くの在来種、原生種が消滅の危機を迎えることとなる。種の支配は現実には着実に進んでおり、国家戦略上も、少なくとも主要作物の種子資源の確保については公的な部門の研究、育種、開発体制を維持継続していくべきだと考える。

まさに「種」を支配するものが農業を制し、国を制し、世界を制するのである。世界中が遺伝子組み換え人工種による農業などということになったら、その安全性の不安もさることながら、これまでの人類発展の基礎であったそれぞれの農業文化は、独自固有の貴重な多くの「種」を失うことによって、農業の崩壊、破綻に瀕することとなる。

食糧危機の本当の意味は単に食糧の量的欠乏ではなく、質の劣化、種の枯渇の危機であり、人類滅亡の恐れである。

消費者と農家の連携による「一億人総農業」

このように「加工食品の化学添加物の多使用」、「農業畜産の工業化による農薬禍、BSEなどの発症」、さらには「遺伝子組み換えによる種子資源の危機」など我々の「食べ物生活の安全」は危険な道を進んでいる。

そこに世界的なエネルギー危機、食糧危機が迫ってきた。しかし日本はこれらの危機に対して基本的な政策決定を過《あやま》たず、努力次第で解決可能な力を持っていると思われる。少なくとも食糧危機に対しては、日本は世界でもっとも恵まれた農業国かもしれない。それは日本でこそ食べ物の自給自足、地産地消を可能とする全国民参加の「一億人総農業システム」の実現が可能である。

日本農業は昭和二十年（一九四五年）連合国最高司令官マッカーサー元帥によって世界史にも前例のない革命的な農地解放によって、一九四万ヘクタールの農地を四二〇万人の小作農にただ同然の価格で分け与えた。これによって、日本農業は小規模農家が巨大農協組織に包まれた保守主義を標榜する五七〇万戸の平均一ヘクタール弱の小規模自作農による農業生産体制が運命づけられたのであった。

現在多少の変遷を経て営農している二八五万農家の一戸あたりの農地面積は、たった一・八ヘクタールで、アメリカの平均農家の約百分の一、ＥＵの十分の一である。この小規模自作農業は牢固な農地法で守られ、もはや既得権意識で固まってしまい、半世紀を経ても農業の大規模化など到底できない致命的な欠点を有している。

従って我々に残された唯一の方策は逆転の発想で小規模農地に執着する日本農業の最悪の欠点を「最良の利点」に転換する以外に道はない。それは小規模農業でなければできない生命維持産業としての安全な「高品質自然農法」を消費者、外食産業などと提携して一緒に行うことである。

国が、これまで一貫して進めてきた農業の規模拡大政策は所詮無理なのであり、その限界を見極めなければならない。併せて米作偏重の市場価格を無視した「高米価政策」もやめるべきだ。

そして標準と定める大規模農家と実際の小規模農家の生産費の格差も考慮した税による直接補償を一定の共同経営を条件に行い、販売価格の引き下げによって国内消費の拡大と国際競争力をつけさせ、米だけでなく麦、大豆、野菜、飼料用とうもろこしなども同様に補償の対象とするのである。その結果減反や農地の転用が止まり、国内顧客との連携と一部輸出も可能とする自立した健全な共同経営自作農の創出を目指すことができる。

一億人総農業による御用達《ごようたし》システム

一方、消費者ないし顧客グループあるいは外食産業各社は、共同経営農家側と連携し、品質保証の農作物生産メニューを予定価格をつけて提示してもらい、翌年の農産物の購入予約をし、生産を委託するのである。いわば、消費者、外食産業などと農家が信頼と協力のもとに直《じか》に提携し、品質、生産、販売、価格などを予め取り決め、御用達のシステムをつくるのである。

では、御用達の連携システムとは具体的に何か。

消費者、外食産業側が求めるものは、①農家は顧客の注文する本物、健康、自然の高品質農産物を良心的に生産すること、②予定価格で安定供給してくれることである。

農家側が消費者に求めるものは、①注文農産物の決められた価格での全契約量の引取り、②代金の一部の手付金提供、あるいは共同経営体への出資、③新規顧客の紹介等になろう。なお、輸送費などは提携顧客、外食産業側持ちとなる。顧客は、夏休みなどを利用して提携農家を訪問し、農作業のお手伝いをしたり、子供の体験学習に活用したりすることができる。また第二次大戦のときに、都市民の多くが田舎に疎開したが、一朝有事の際の疎開先にもなりうることも念頭においてもいいだろう。

この一億人総農業の構想は有機農業実践家の一楽照雄翁のものである。翁は、「人より安く買いたいとか、特に高く売りたいという欲から始まった付き合いではないということです。良い品物が欲しい、有害でないものを作って欲しいという人間的な理解と協力関係で結びついているからです」(『暗夜に種を播く如く：一楽照雄伝』)と述べている。

第二次大戦後、農地解放をし、自作農を創出しながら、農業界からは都会へ人材の流出が続き、有能なリーダーを欠き、政権与党や農協依存の顧客経営なき農業となり、日本農業は経営力を失ってしまった。

そこで、品質時代を迎えて、現在の経営不在、リーダー不在の日本農業に新たに消費者・買い手が参加して、「共通の品質価値観」の下に「相互信頼と協力」によって、生産者と消費者によるシステム化された御用達の関係を築き、日本独自の持続的農業を発展させるのである。

これが理想の一億人総農業論である。

いずれにしても、これからの農業は漁業や畜産などとともに農業政策の善し悪しはともかく、その基本は「大自然からの贈与である」という大原則に基づく生命維持の基礎産業であるという認識のもとに、土壌、水などの環境面でも自然と対立しがちな工業化農業を自然農業に引き戻し、先進国の種の支配などの食糧戦略に飲み込まれないように農業の自立性と持続性を確立しなければならない。

現在人類の危機としては、依然として収まらない人口爆発のもとで核戦争、地球温暖化、病原菌の蔓延などいろいろあるが、直接命を養っている食べ物の危機、特に種子資源の枯渇ほど深刻な問題はない。

一方、致命的な欠点と思われていた日本の小規模農家は、食べ物にとって最も大事にしなければならない「大自然の贈り物をみんなで大事に作り、命を養う」という農業の本質を最も正直に実践できる基盤を有する。

日本農業は温暖な気候、肥沃な土壌、豊かな水など恵まれた条件下にあるといわれるが、最も恵まれていることは農家のすぐ傍に膨大な都市市民が生活しており、生産者と顧客、消費者がほぼ同居しているということだ。この両者が信頼協力し、リーダーシップを発揮すれば理想的な自然農業の御用達システムが可能となろう。

自然農法を大事にする農家と自然食品を求める消費者が連携できて、「本物、健康、自然」の高品質農産物、畜産物ができるようになれば、日本農業は世界において模範的な存在となるであろう。

第8章

高品質、究極の安全実現の方策

高品質、安全性向上の経営原則

今後求められる高品質、究極の安全実現の経営のあり方は、「品質重視の経営理念を持つ優れた経営者のリーダーシップのもとで、組織の信頼と協力により旺盛な価値創造力のある企業文化を形成し、高品質経営を持続的に発展させる」ということになろう。その高品質経営、究極の安全を実現する経営の特徴は、次の一〇項目にまとめられる。

①　企業など組織の発展の条件は正しい経営理念の下に、優れたリーダーが組織を成功に導くところにある。企業の意思決定は取締役会で決まることになっているが、その取締役は社長が指名し、株主総会で選ばれ、実質は九九％社長の意思によって決まるのであり、これが当たり前である。

それだけに組織のリーダーたる社長の資質で最も重要なのは社長の人格である。それがその会社の企業文化を決定づけるからである。優れたリーダーによって育まれる企業文化は企業の経営を健全にし、社員の能力を引出し、企業発展の基本条件となる。当然、商品やサービスの品質、安全のレベルを引き上げることの素地となる。

② 対外的には顧客第一主義であっても、社内では日本的雇用形態の従業員重視主義のほうがよい。正しい経営理念の下で、不安や恐れをなくし信頼と協調によって従業員の能力、創造力を最大限に発揮させることによって高品質を実現し顧客満足を達成するためである。事業の発展も安全の確保も最後は人の力であり、人の力を生かす経営が基本である。

近年正規社員に替えて派遣労働力を多用する傾向があるが、これでは人材が育たず現場が活力を失い、いずれ会社から創造力が失われ品質も顧客満足も得られなくなる。

商品、サービスの品質を重視することで、品質を評価していただける顧客営業（御用達《ごようたし》営業）を基本とし、企業と顧客の間に信頼と協力関係を形成する。（鉄道やバスの利用者は不特定多数のお客のように見えても、それは前払いで定期券・乗車券を買って乗ってくれる大事な顧客である。）

③ 品質重視経営は、売上高至上主義でなく適正利益確保主義を旨とする。常に適正利益を維持することによって、人や設備、研究などへの投資が継続でき品質の維持発展ができる。（競争的安売りなどは決してしないこと。またインフレ時に値上げができる品質力、

サービス力が必要。安定経営が安全性確保の前提条件。）

④品質・安全の改善は生産工程で「作り込み」、初めから不良品を作らない。事後の検査は行うが、チェックのためであり、これに頼らない。（デミング博士の品質論）

⑤高品質維持のためには、仕入れ先、部品納入先などとは長期の信頼関係の持続が重要で、お互いに将来の利益を等分に分け合う持続的展開がよい。

⑥社員には信頼と協調を優先し、数値目標、ノルマ、個人の競争的業績評価は程々《ほどほど》にする。従業員を札ビラで働かせるのではなく、仕事の達成感や会社理念と個人の人生観の合一性で働いてもらうのが理想。

⑦外注（アウトソーシング）はこれを安易に行うと高品質・安全性の確保を阻害する恐れがある。外注先とは品質、技術等の管理基準を統一し、経営理念、企業文化の共有が条件となる。

⑧高品質・安全確保のためには、販売は顧客へ「直接販売」が理想で、全てを小売りに頼らない。顧客と直に結びついた御用達の関係を大切にする。

⑨自社他社を問わず経営、現場の「失敗学の歴史」をまとめておき、経営幹部、従業員の教育訓練などの場に活用すること。失敗学に学ぶことにより組織の企業文化、安全文化を高めることができる。

⑩ 大自然の脅威、想定外事象、テロなどの異常時の備えは、日常から最悪の事態を想定し、被災した場合でも被害軽減の有効策を立てておき、事故の拡大を防ぐ。

特に現場のリーダーシップは重要で現場人の教育訓練を通じて「やる気」「熟練」「チームワーク」で現場力を強化しておくことである。

究極の安全、原動力は良心のリーダーシップ

鉄道や航空の事故の歴史などを学ぶ限り、絶対的な安全などというものはありえないことが分かる。しかしJR西日本の福知山線の事故、東京電力福島原子力発電所の破綻あるいは食品の安全などの深刻な現実を見ていると、我々がこれから遭遇する新時代における安全問題は、事業者責任の達成と合格点の安全を目指した事業者の安全論だけでは、とうてい本物の安全対策にはならないという結論になる。

安全の確保に当たって法令遵守や科学技術の進歩は不可欠だが、重要なことはそれを用いる人の力を引き上げて絶え間なく改善改良を重ね高品質を実現し、究極の安全を目指すことである。事業の発展としてはその結果、顧客・消費者の信頼を得ることによって商品、サービスが選ばれ購入されて成功することになる。

まとめてみると、これまでの事業者の安全論は、基本的に事故責任論にあり、責任事故の防止が原則であった。しかし事業の進歩発展は反面その複雑化を伴うところから、事故の原因や責任が個人から「組織」に移りつつある。

今や想定外事象からテロに至るまで危険要因が拡大している現代においては、従来の「事故原因と責任の確定による再発防止の事業者の安全論」から、原因や責任の追及にこだわらず、生産過程で安全を作りこみ、組織全体が危険要因を未然に除去する高品質経営を実践し、「事故未然防止の安全」を目指すことが重要となる。また事故を未然に防げない場合は、被害の軽減に努める。そして、このような高品質経営の鍵となる健全な企業文化、安全文化創造の原動力は強固な良心のリーダーシップであり、結局、究極の安全も原動力は良心のリーダーシップということになる。

① これからの「事業者の真の安全」は絶え間ない改善に努力する品質理念でとらえるべきで、目指すべきは「合格点の安全」にとどまるのではなく、「究極の安全」である。

② 具体的にはこれまでの事業者の安全は「責任事故防止、再発防止」が基本であるが、消費者の安全は品質理念追求の「原因や責任にかかわらず事故の未然防止」の要請であり、これからの「事業者の安全の発展型」は、この消費者の安全論を「取り込む」ことによって消費者の信頼に応えていくこととなる。

③　究極の安全を可能とする健全な企業文化、安全文化は、強固な良心のリーダーシップによって形成され、その成果は顧客の確固たる信頼を勝ち得るのである。

究極の安全への道は高い品質理念の下に良心のリーダーシップによって学ぶ組織が健全な企業文化を形成し、高度な安全システムを可能とする。（図11参照）

英国の安全問題に関する第一人者J・リーズン氏は『組織事故』（日科技連出版社）で、世界の民間航空産業のいびつな「安全格差」の実態を大略次のように述べている。

「世界の航空産業は、航空乗務員、航空管制官、整備士などほとんど同じ基準で訓練を受け資格を取得する世界的な規模でのレベルの高い均質性を持つ産業である。にもかかわらず、一九九五年のデータだが、航空会社によって、乗客一名が死亡事故に巻き込まれる確率は、最悪の航空会社で二六万分の一、最もリスクの少ない会社で、一一〇〇万分の一と四二倍もの格差がある。国や会社の資源が、重要な役割を果たす一方で、安全文化の違いがこのとんでもなく大きな相違に一役かっていることは、疑いの余地がない」。

「安全文化」という言葉は国際原子力機関が関係機関に安全確保の啓発活動として提唱している概念だが、リーズン氏はこの民間航空産業の大きな「安全格差」を「安全文化」の違いとしている。筆者はこの「安全文化」をごく単純に「組織の安全性創造力」と理解しており、よき安全文化の創造はほとんどすべて良心のリーダーシップに由来すると考える。

図 11　リーダーシップが安全性創造の原動力

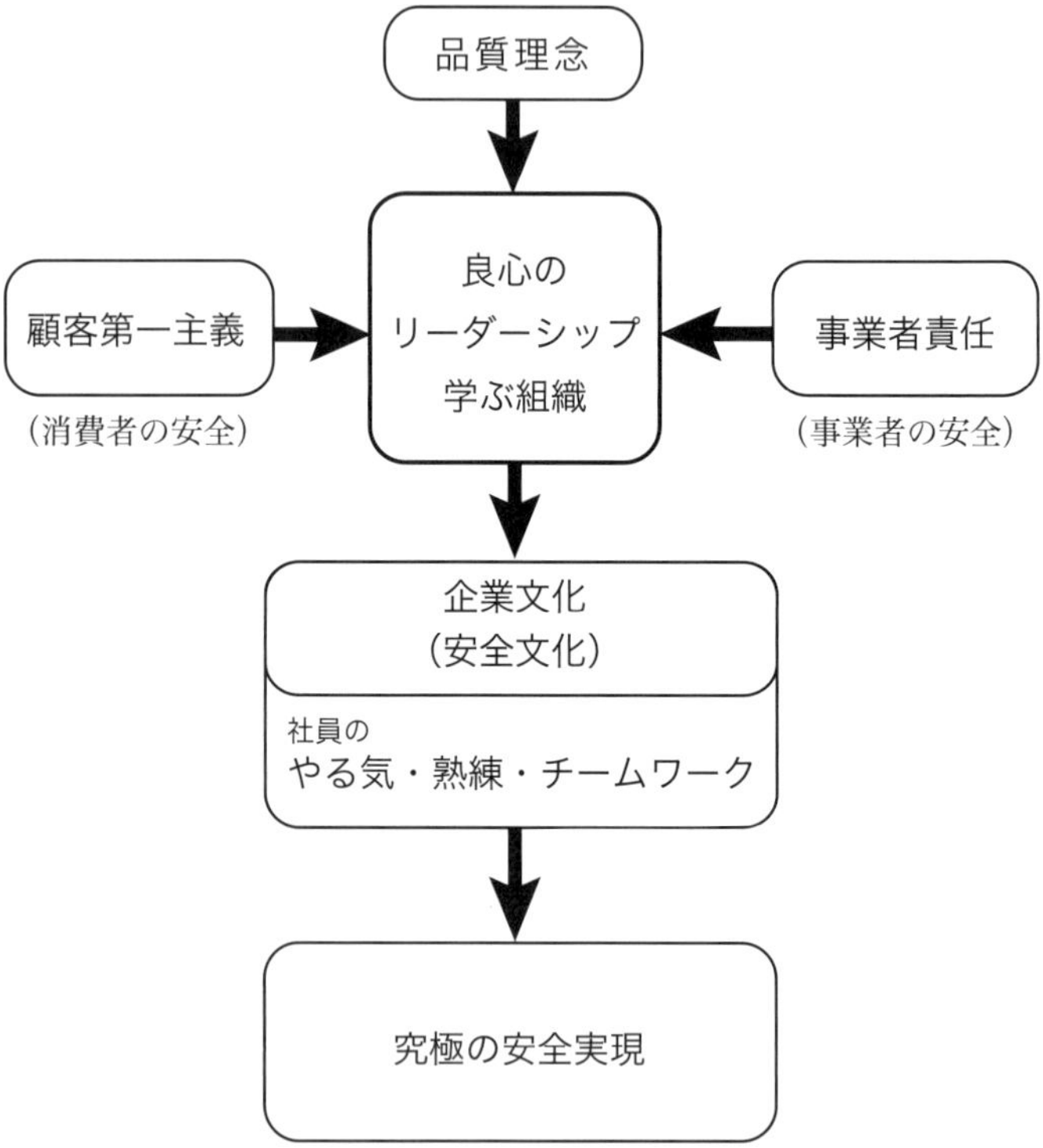

（作成、竹田）

結局、「究極の安全」実現は、優れたリーダーの下において、良心に基づき、競争ではなく「相互信頼と協力」によって達成されることであり、この良心のリーダーシップが「安全性創造の原動力」だということになる。

とくに、鉄道など現場で成り立っている大組織は、トップのリーダーシップとともに、現場の「やる気、熟練とチームワーク」による正しい冷静な行動力である現場のリーダーシップが最終的な安全確保の決め手になると考える。

筆者が現場のリーダーシップの重要性を強調するのは、鉄道などの過去の大事故の歴史を見ると、機械システムが未整備であったり、想定外事象の発生などで、突如危険が発生し現場の人に頼らざるをえないときに、現場で正しい判断、冷静な行動ができず、何人いても安全を確保できず大事故を誘発してしまった事例が多いからである。戦後の国鉄の大事故である昭和二十六年の桜木町電車火災事故（死者一〇六人、負傷者九二人）、昭和三七年常磐線三河島事故（死者一六〇人、負傷者二九六人）など、いずれも現場従業員が故橋本邦衛博士の言う「フェーズⅣの意識レベル」に達し、正しい判断と冷静な行動力を失い、躊躇なく「止めるべき電車を止めることができなかった」ことで大事故になり、多くの犠牲者を出してしまった。

平成一七年のＪＲ西日本の福知山線の事故（死者一〇七人、負傷者五六二人）も当該運転士の運転中の「無線交信傍受による心理的パニック」が「フェーズⅣの意識レベル」に達し、これが事故の真の原因ではないかと思える。

結局現場がいかに優れた社員を抱えていても、相互の信頼と協力による良く訓練された「やる気、熟練、チームワーク」の現場のリーダーシップがないと安全は守られない。

安全な社会建設は数多くのリーダー育成から

冒頭で紹介した平成一七年の国土交通省の国民の安全意識の調査結果は「国民の七割以上が今の日本は危険だと認識している」、「危険度は増している」と極めて警告的である。国民は大自然災害、深刻な事故とともに「テロ」に対する脅威も強く感じている。そこへ平成二三年三月一一日、死者行方不明者は二万人にも達する東日本大震災と東京電力福島原発の破綻が同時に起きた。

東日本大震災は「未曾有」の災害であり、福島原発の破綻は「想定外」の大津波によるもので、致し方なかったとは決して言えるものではない。大震災を未曾有とし、大津波を想定外と割り切ってしまう原子力安全委員会や事業者の安全論は、法令遵守や科学技術論などの責任論に終始したものである。

最も反省すべきことは、安全対策の範囲を事業者の法令遵守と原子力発電の狭い科学技術論に限定し、とくに危険の発生を確率論で評価し、千年に一度とはいえ住民や国民の立場に立った「起こりうる最悪の事態」に対する安全対策がほとんど考慮されていなかったことである。例えば東電福島原発は巨大地震に伴って想定される最大の津波の高さを五・七メートルとしていたというが、今回の東日本大地震のように地震の規模が巨大であったり、大きな地震動が二度連続して発生するような場合は、津波の高さは予想をはるかに超えて二倍以上に拡大する恐れがあることは専門家の間では周知の事実であった。従って、国家国民を危殆《きたい》に陥れる恐れのある原子力発電の重要な安全対策にかかわる専門家や事業者は、常に最悪の事態に「可能な限り備え」、被害に遭っても、「少しでも軽減」しようとする安全性創造の「謙虚にして強固な良心」を失ってはならないのである。

国の中央防災会議は平成二二年四月二一日に、東海・東南海・南海地震が同時発生した場合の被害想定を、死者二万四七〇〇人、全壊建物九四万棟、経済被害額八一兆円としている。

しかしこのたびの東日本大震災を経験すると、我々に必要なのは「最悪の事態への備え」と具体的な「被害軽減策」である。我々は未曾有の大震災であればこそ、想定外を想定し可能な限りの対応策を講じなければならない。巨大地震は近未来にはいよいよ関東をも襲ってくる。

従って切迫しつつある東南海大地震などに対しては、巨大地震とともに大津波への抜本対策が必要である。原子力発電所、海岸寄りの高速道路、新幹線鉄道、臨海飛行場、低地帯の住民対策、液状化対策、石油コンビナート、高層建築、木造建築群などは想定外を想定した可能な限りの災害対策、避難対策が必要だ。

短い人生にあって第二次大戦敗戦による惨禍と東日本大震災、巨大原発の破綻を身を持って経験してみると、このような国家的な大失敗は決して二度、三度と繰り返してはならない。

また福島原発の破綻は心配されていたテロではなかったが、最大の問題は「テロ集団」ないし「テロ国家」の出現である。テロ行為は姿なき意図的な攻撃で、思いのほか簡単にでき、戦争と違って防止が困難であり、都市、鉄道、航空機、原子力発電、生物、食品などの消費者の安全にとって二一世紀の最大の脅威となっている。そして、被害者は消費者国民ということになる。

防止が最も困難で今後心配されるテロは、食品、農業などに対する「バイオ・テロ」である。旧農水省高官の松延洋平氏は『食品・農業バイオ・テロへの警告』（日本食料新聞社）の中で、「天然由来の生物剤による感染症の発生が自然的なものか、テロによるものかは判別が困難である。それだけに検査・判定と原因究明のスピードアップは絶対の命題となる」とし、また「遺伝子組み換えによる新規の生物剤が使用されると対処は困難を極める。この種のテロ活動の発言がだんだん多くなっていること自体、気がかりなことである」と述べている。

この遺伝子組換などによる食品・農業のバイオ・テロの恐怖は、我々の想像を遥かに超えるものがあり、民族や人類滅亡の究極のテロになる危険性がある。

わが国は平成七年（一九九五年）に首都の地下鉄で世界初のサリン・テロを許したテロに弱い国だが、現在世界でもっとも警戒されているのは核兵器テロだ。

中でも原子力発電は、もともと軍事目的の核兵器開発を発電に平和利用したものだけに、大量破壊兵器と同質の危険物を安全に管理しなければならず、その管理体制は国内はもとより国際的な監視機関などによって厳重に実行されることが前提条件になっている。国内的には原子力委員会、原子力安全委員会などであり、国際的には一九五七年（昭和三二年）に創設された国際原子力機関（ＩＡＥＡ）や一九七〇年（昭和四五年）に締結された核兵器不拡散条約などである。

原子力安全機構技術参与の青木英人氏は、「（米、露など核兵器保有国は備蓄分も含む原子爆弾保有量は二万三千発あり）非核兵器保有国も原子力発電所などを有する国は、プルトニュウムを一一トン持っていて、これを原子爆弾に変えれば、一三〇〇発原子爆弾ができるのです。高濃縮ウランの方も一〇トン持っていてこれで原子爆弾が三〇〇発作れます。これでおわかりいただけるように、（非核兵器保有国の）原子力産業の高濃縮ウランや、プルトニュウムを流用すると、一〇〇〇発、二〇〇〇発という原子爆弾がどんどんできる。それをしないようにするのが、先ほどのＩＡＥＡ（国際原子力機関）による査察です」と述べている（『汎交通』平成二一年七月号)。

テロや国家的テロというべき核兵器への軍事利用が行われると、世界の安全の根底が瞬時に覆るのである。

日本は世界第三位の原子力発電設備保有国で現在運転休止を含め五四基が稼働し、一四基が計画中といわれ、やがてフランスを追い越し世界第二位の原子力平和利用大国になる予定だっただけに核の安全管理に向けて世界をリードすることが期待されていた。そこに今回の福島原発の大事故である。

我々国民も柏崎刈羽や福島のような巨大な原子力発電所が原因のいかんにかかわらず大事故に至れば、国家の存亡にかかわる由々しき事態を招来するであろうことを心ひそかに慮《おもんぱか》っていた。これは日本が世界唯一の被爆国であればなおのこと、原子力発電所が大震災やテロ攻撃を受け、爆発を起こした場合のクライシスマネジメントやシュミレーションは当然できているものと思っていた。

しかし今回の政府や東電の事故発生からの対応を見ていると、どうもそうではなく、原発に有事の場合の対応要領や指揮命令、自衛隊や米軍支援、住民の安全確保、被爆対策、除汚技術、電力の融通確保策など全て泥縄であった。政府、原子力安全委員会、原子力安全保安院、東電の記者会見を見ていても、誰も原発が大事故を起こしたとき国家を守り国民の安全、生活、環境を守るすべを知らなかったようだ。それを見た国民はこれは「やっぱり今の日本は危険」だと感じたに違いない。

今や世界の情勢は世界大不況、国家経済破綻、貧富の格差拡大、民衆暴動と革命、各地の紛争が新興国の経済膨張と混在して多臓器不全の末期的症状を呈している。その中でこうして原子力発電所の事故で国家が危殆に瀕することにより、それが発端となり「エネルギー危機」や「食糧危機」が深刻化し、あるいは更なる「災難」、「テロ」、「抗争」などが、連鎖的に起こりかねない。

エネルギー危機は世界的に見て原子力発電に急ブレーキがかかることから、一触即発の中東情勢次第ではわが国の石油エネルギーの調達などは即座に進退きわまる恐れがある。われわれは単に脱原発や自然エネルギーへの転換などと叫ぶだけでなく、長期的に自給力を強化する有効で多面的なエネルギー政策を打ち立てる必要がある。

食糧危機は当面は新興国の経済成長や人口爆発に伴う量的な不足、価格の高騰につながるだろう。その陰で進行している遺伝子組み換えによる種子資源の市場独占がもたらす「種子資源の枯渇」の危機はかなり進行していると見るべきだ。これらは大規模工業化農業の陥穽《かんせい》でもあるので、日本式の地産地消型の小規模自然農法を、さらに消費者や外食産業が参加して、一億人総農業化とすることができれば民族の食の安全性は確保されるだろう。

問題は、こうした世界的規模の深刻なエネルギー危機や種子資源の枯渇のような想像もできない人類生存の危機が襲いかかってくる状況の下で、今の日本の現実は国家が正しい指針の決定に叡智の結集ができず、行政も事業者もリーダーシップの発揮ができないまま、こうして「消費者国民の安全」が脅かされ続ける恐れがあることである。

そうなると、われわれは自らが立ち上がって自分の安全は自分で守るという人生観のもとに自立して生活していくこととなる。我々の生き方の転換としては、量から質へで「本物、自然、健康」と「自立、連携」ということになる。

他方、国や企業にあっては、これまでのあまりに飽食でエネルギー多消費型の大量生産大量消費経済に浸ってきたが、これらは新興国の追い上げにもあい多方面で行き詰まることを悟らなければならない。したがって、役所や企業はこれまでの経済成長主義やリストラ一辺倒の臨時労働力依存主義でなく、品質重視の新時代の変化に対応して日本にしかできない「長所発展型の高品質で持続性の高い経済」に転換していくこととなろう。そのためには国家、国民を政治や経済で正しくリードできる人格高潔の数多くの人材を育成する必要がある。

役所や企業は強固な良心のあるリーダーの育成が求められており、単にエリート・マネジャーで終わることなく、真に優れたリーダーの育成を第一の目的としていただきたい。

日本はこれまで島国として外国の侵略を直接受けることは第二次大戦敗戦まではなかった。

今やかつての交戦国であるアメリカ、ロシア、中国と世界の軍事超大国に取り囲まれ、さらに朝鮮半島情勢の影響も受け、高度の緊張状態にある。お互いの平和と繁栄は理想ではあっても、あたかも三つの巨大プレートの接点にあるかのごとき国土の地政学的位置は将来にわたって国家の安全保障体制の確立を最優先に持続していかなければならない。

我々は、日本独自の農業振興、エネルギーの自足力の強化をはかり、先進工業力を発展させることにより、国民の生命の安全を守り、生活の安定をはかることである。そして多くの優れたリーダーを育成し、互いの信頼と協調により常に叡智を結集して的確な意志決定と実行が可能なシステム国家の建設を目指すのである。

リーダー、あるいはリーダーシップは西洋の概念であるが、普遍性があるので、日本的な解釈で一向に構わなく、私は単純に「正しいことを勇気を持って実践し組織を発展させることができる人格者」であると思っている。そしてリーダーシップの大事な点は「組織（部下）を成功に導く」ことで、根底に「利他の心」があることだ。「優れたリーダー」の「強固な良心」によって「組織の健全な文化」が形成され、これまでのような大失敗のない安全でレベルの高い国家の発展が可能となろう。

しかしリーダーシップ教育は学校教育だけでは身につかない。社会人になって実践社会の体験の中で品質論と共に組織体を成功に導くリーダーシップ論を学ぶことによって本物になるのである。

リーダーシップを身に着けるには数年はかかろう。やはり危険な今の日本を救えるのは、「人徳のある本物の人材を多数育成する」ことである。

参考文献

村上陽一郎『安全学』青土社、1998年
村上陽一郎『安全と安心の科学』集英社、2005年
橋本邦衛『安全人間工学』中央労働災害防止協会、2004年
三戸祐子「安全の仕組みがなぜ生きないのか?」『土木学会誌』2006年3月号
小役丸幸子「イギリスにおける列車脱線事故と保守における問題」『運輸と経済』2007年7月号
伊多波美智夫『運転保安業務の実際管理』日本鉄道図書、1968年
醍醐昌英「英国の鉄道における列車事故と事業再編の示唆」『交通学研究』50号、2006年
W. E. Deming「Elementary Principles of The Statistical Control of Quality」日本科学技術連盟、1952年
柳川隆、播磨谷浩三、吉野一郎「イギリス旅客鉄道における規制と効率性」『神戸大学経済研究年報』54号、2007年
クリスチャン・ウルマー『折れたレール』ウェッジ、2002年
岡田晴恵『感染症は世界史を動かす』筑摩書房、2006年
田坂広志『官邸から見た原発事故の真実』光文社、2012年
P・S・デンプシー、A・R・ゲーツ『規制緩和の神話』日本評論社、1996年
杉江　弘『機長の告白』講談社、2000年

杉江　弘『機長の「失敗学」』講談社、２００３年
高木仁三郎『原発事故はなぜくりかえすのか』岩波書店、２０００年
新潟日報社特別取材班『原発と地震　柏崎刈羽「震度７の警告」』講談社、２００９年
小出裕章『原発のウソ』扶桑社、２０１１年
戸崎　肇『航空の規制緩和』勁草書房、１９９５年
柳田邦男『航空事故』中央公論新社、１９８１年
「交通安全白書（平成二二年度）」内閣府、２０１０年
吉田耕作『国際競争力の再生』日科技連出版社、２０００年
葛西敬之『国鉄改革の真実』日本評論新社、２００７年
「国土交通白書（平成一七年度）」国土交通省、２００６年
ケビン・フライバーグ、ジャッキー・フライバーグ『破天荒！』日経ＢＰ社、１９９７年
佐々木富泰・網谷りょういち『事故の鉄道史』（正・続）日本経済評論社、（１９９３、９５年）
河野和男『自殺する種子』新思索社、２００１年
吉田耕作『ジョイ・オブ・ワーク』日経ＢＰ社、２００５年
東日本旅客鉄道「上越新幹線脱線事故報告書」東日本旅客鉄道、２００８年
澤岡　昭『衝撃のスペースシャトル事故調査報告書』中央労働災害防止協会、２００４年

中村靖彦『食の世界にいま何がおきているか』岩波書店、2002年
齋藤雅男『新幹線安全神話はこうしてつくられた』日刊工業新聞社、2006年
島秀雄『島秀雄遺稿集：20世紀鉄道史の証言』島秀雄遺稿集編集委員会、2000年
柳田邦男『新幹線事故』中央公論新社、1977年
デニス・L・メドウズ、ドエラ・H・メドウス、ヨルゲン・ランダース『成長の限界・人類の選択』ダイヤモンド社、2005年
有賀宗吉『十河信二』十河信二刊行会、1988年
J・リーズン『組織事故』日科技連出版社、1999年
藤原直哉『大逆転のリーダーシップ理論』三五館、2001年
「鉄道事故調査報告書（平成一九年六月二八日）」航空鉄道事故調査委員会、2007年
佐藤潤太『鉄道事故と法』文芸社、2005年
安部誠治監修、鉄道安全推進会議編『鉄道事故の再発防止を求めて』日本経済評論社、1998年
久保田　博『鉄道重大事故の歴史』グランプリ出版、2000年
山口真弘「鉄道の上下分離制度の効用とその限界」『運輸と経済』2007年・2月号
竹内正浩『鉄道と日本軍』筑摩書房、2010年
武田修三郎『デミングの組織論』東洋経済新報社、2002年

W・E・デミング『デミング博士の新経営システム論』NTT出版、1996年
山之内秀一郎『なぜ起こる鉄道事故』朝日新聞出版、2005年
石川　馨『日本的品質管理』日科技連出版社、1981年
NHK編『日本の条件6：食糧』『日本の条件7：食糧』日本放送出版協会、1983年
藤岡幹恭・小泉貞彦『農業と食料のしくみ』日本実業出版社、2007年
竹田正興『品質求道』東洋経済新報社、2005年
柳田邦男『フェイズ3の眼』講談社、1984年
「米国鉄道の運転規程」運輸省鉄道渉外事務局、1947年
三輪和雄『空白の五分間：三河島事故 ある運転士の受難』文藝春秋、1979年
伊多波美智夫『無事故への提言』交通協力会出版部、1976年
佐賀純一『木碑からの検証（上、下）』筑波書林、1984年
D・クイン・ミルズ『ハーバード流リーダーシップ「入門」』ファーストプレス、2006年
Peter R. Scholtes『The Leader's Handbook』McGraw-Hill、1998年
『暗夜に種を播く如く：一楽照雄伝』一楽照雄伝刊行会、1993年

あとがき

我々の命、生活、経済とわが国の将来は一体どうなるのだろうか。

二〇〇一年九月一一日の米国ワールド・トレード・センターのテロによる崩壊とイラク、アフガン戦争、英国に端を発したBSEの世界的広がり、更には二〇〇八年秋サブプライムローン破綻によって引き起こされた世界経済大不況、貧富の格差拡大、民衆暴動と革命など世の中は混沌としてきた。その根底には歴史的な民族宗教間の超えがたい憎しみの増大、テロ、紛争、人間の無限の欲求の暴走と倫理感の喪失、金融資本主義の大破綻があり、世界中をハルマゲドン的な混乱と不安に駆り立てている。

わが国の場合、そこに二〇一一年三月一一日、千年に一度の東日本大震災がやってきた。福島原発の崩壊と今後予想される東南海大震災、関東直下型大地震の恐れ、大不況、年金破綻、国家財政破綻、悪性インフレの恐れなどがあり、我々の命、生活、経済は大丈夫なのだろうか。

こうなってくると我々のこれからの命を守り生活を安定させるためには、国家も個人も自らが生命維持に不可欠の食料やエネルギーはできるだけ他を頼らずに自給自足し、自然と共生していいものを食べて養生し、健康で安全な品質追求の生活スタイルを模索すべきだ。

また、近代資本主義体制と近代国家の行き詰まりと破綻は明確で、経済と国家の建て直しのためには、真のリーダー育成による日本独自の経営方式を取り戻し、長所発展型の経済を築き、政治、行政の大改革が必要である。大事なことは国家と国民が信頼と協調で優れたリーダーの下で民主的に叡智を結集し、実行していく「国家の新しい意思決定システム」を作ることではないだろうか。

国民・消費者の安全については、事故未然防止の安全と被害の軽減であるが、最も大事なのは食料の安全をはかることで、食料の自給自足、消費者の農業参加、種子資源の保存・開発が大切だ。種子資源の遺伝子組み換え技術による知的財産権の拡大は、自主開発を大きく制限し、やがて「種の消失」を招き人類の滅亡につながる。したがって日本農業再興の全世界的な使命は、自然で豊富な種子資源の育種開発体制の確立保持にあると考える。

国家の安全についても、日本としては周辺の最悪事態に常に備えていなければならない。日米同盟は大切だが、何より国民自ら信頼と協力により国防意識を高め、防衛体制の強化とあいまって民間が守りの主役となる自主自立の国家の建設に努力しなければならない。

そのときに、エネルギー、食料が他国依存では話にならないので、これらの自給自足と各界に多くの優れたリーダーの育成が欠かせないというのが結論になる。デミング博士は「経験をつみ深遠なる知識を学ぶ高潔な人格の指導者」といっておられるが、私はせめて「正しいことを勇気を持って実践できる人格者」を社会や組織で育てていって欲しいと願っている。

会社などでも「従業員第一主義」を実践できる企業は限られている。しかし真の「顧客第一」を実現するには、「従業員第一主義」でないとうまく行かないのは、やってみるとよく分かる。今はフリーター、派遣労働と従業員をあまりにも粗末に扱いすぎる。日本が工業製品を中心に世界を席捲できたのもつかの間、競争力でも、人材育成の面で最早そのかげりが見えてきたが、私は従業員に対するかつての「終身雇用」「年功序列」「熟練」などの日本的経営理念を、あまりにもあっさり捨ててしまったところに主たる原因があるのではないかと思っている。

また、リーダーの育成には基本として教育の改善が望まれるが、高校までの実質義務教育化、早い段階での文系理系の分離教育の再考、人材育成教育、歴史教育（明治〜昭和史）の充実などを望みたい。それから社会に入って立身出世主義一辺倒でなく、役所と企業で真剣にリーダーシップ教育を行ってもらって、人徳のある本物のエリートを沢山育てていただきたいと願っている。

本書の執筆に当たり、推薦文を賜りました初代内閣安全保障室長の佐々淳行先生、長年にわたりリーダーシップ論を学ばせていただいた藤原直哉先生、西武文理大学名誉教授小山周三先生、鉄道運転保安のオーソリティーの伊多波美智夫氏、同じくJR時代運転のスペシャリストで現セントラル警備保障（株）会長白川保友氏、日本航空元機長の杉江弘氏の皆様にはご指導有り難うございました。また貴重なアドバイスを頂いた友人弁護士田中斎治氏、元日刊工業新聞の高木豊氏、交通新聞社社長江頭誠氏には心からお礼を申しあげます。図表の作成などでご指導頂いた国土交通省事務官の石原正裕氏、東海林厚史氏にも厚くお礼を申しあげます。

また、出版にあたり特段のご配慮を賜った晶文社太田泰弘社長、懇切なご指導をいただいた木下修顧問、川上勝広取締役、めるくまーる梶原正弘社長には深く感謝申し上げます。

平成二四年四月吉日

竹田正興

著者紹介

竹田正興（たけだ まさおき）

1940年新潟県生まれ。1963年一橋大学法学部卒業、日本国有鉄道入社。職員局労働課課長補佐、警察庁茨城県警出向。広島鉄道管理局総務部長、経理局主計課長などを経て1987年日本食堂株式会社（現、株式会社日本レストランエンタプライズ）入社。1996年同社社長就任。2003年12月同社退社、国土交通省運輸審議会委員に就任。2008年10月運輸審議会会長、2009年12月財団法人交通協力会会長、2011年社団法人日本交通協会副会長兼理事長。

著書：『品質求道』東洋経済新報社、2005年。

安全《あんぜん》と良心《りょうしん》　究極のリーダーシップ

2012年4月20日　初版第1刷発行

著　者　竹田正興

発行者　株式会社 晶文社

〒101-0051　東京都千代田区神田神保町1-11

電話（03）3518-4940（代表）・4942（編集）　URL http://www.shobunsha.co.jp

　Printed in Japan　ISBN978-4-7949-6779-4

装丁：柳川貴代　　印刷：株式会社堀内印刷所　　製本：ナショナル製本協同組合